电路实验教程

（第2版）

主　编　刘　颖　王向军
副主编　单潮龙　吕井勇　卞　强　嵇　斗

国防工业出版社

·北京·

内 容 简 介

本书共分6章,第1章为电工测量基础;第2章为电路实验仪表仪器;第3章为电路实验;第4章为LabVIEW软件及应用;第5章为Pspice电路仿真软件介绍及应用;第6章为电路故障诊断技术。第1章、第2章对电工测量技术和仪器仪表的使用作了详细的介绍,第3章是本书的核心,一共安排了20个实验,包括基础实验、综合实验、自主设计型实验、自主研究型实验。第4章、第5章、第6章安排了许多典型的上机实验,其中包括一些在电路理论课程中可能没有涉及的内容,是对课堂所学理论知识的有益补充。

本书是大学电路课程的实验教材,是为适应国家对高等院校人才培养的需求而编写的,也可以作为工程技术人员的参考书。

图书在版编目(CIP)数据

电路实验教程/刘颖,王向军主编.—2版.—北京:国防工业出版社,2022.8 重印
军队院校"2110"三期工程教材
ISBN 978-7-118-11071-5

Ⅰ.①电… Ⅱ.①刘…②王… Ⅲ.①电路–实验–高等学校–教材 Ⅳ.①TM13–33

中国版本图书馆 CIP 数据核字(2016)第 211848 号

※

国防工业出版社出版发行
(北京市海淀区紫竹院南路23号 邮政编码100048)
北京虎彩文化传播有限公司印刷
新华书店经售
*
开本787×1092 1/16 印张11½ 字数273千字
2022 年 8 月第 2 版第 4 次印刷 印数6001—7000册 定价30.00元

(本书如有印装错误,我社负责调换)

国防书店:(010)88540777 书店传真:(010)88540776
发行业务:(010)88540717 发行传真:(010)88540762

前　言

　　本书是为适应 21 世纪军队高等教育教学内容和课程体系改革需要而编写的,是海军工程大学本科与《电路》、《复杂电路分析》、《电工基础》、《电路分析基础》、《电路基础》等课程配套的实验教材,也可以作为教学参考书。本教材共分六章,内容安排上依次为电工测量基础、电路实验仪器仪表、电路实验;LabVIEW 软件及应用、Pspice 电路仿真软件介绍及应用、电路故障诊断技术等。

　　为了适应教学改革的要求,本书在原来教材的基础上,在内容方面做了大幅度的改进:

　　一、保留了必要的基本实验,因为这些实验验证了电路中的一些基本概念和重要定理,在实验过程中要用到一些基本的测试方法、使用部分基本电路测量仪器,这些电路实验技能的培养是必需的。

　　二、增加了一些综合实验和自主设计性实验。这些实验既要运用到电路课程所学的基本理论、方法,也要用到其他学科的知识,有利于调动学生的求知欲,提高分析问题和动手解决问题的能力,同时也为学生发挥自己的聪明才智提供了一个小小的舞台。

　　三、增加了虚拟实验的内容。考虑到计算机仿真作为电路分析的重要手段,已经成为当代本科教育的内容之一,本书的第 4 章介绍了电路设计和仿真软件 Labview,Pspice,并且分别编写了几个典型的电路仿真实验,为学生提供了基本的计算机仿真实验训练和实践创新的平台,也为部分学生后续研究生阶段利用仿真工具的强大功能进行更深入的电路分析和设计打下基础。

　　四、电路故障诊断技术是与实验息息相关的一门技术。同时也是在电路、人工智能、计算机、测试等理论或技术基础上衍生出来的、内容广泛的交叉学科。在实验过程中适当穿插故障诊断方面的内容,有意识地让学生了解一下这方面的概念,编者认为是很有必要的。

　　由于实验学时和实验条件的限制,实验内容不能面面俱到,因此在编写教材中给予了适当的取舍和侧重。教材中的内容有些是必修的,有些可作为选修,可以根据电路实验教学大纲的要求做适当的调整。

　　在本书的编写过程中吸取了参考文献中各位专家、学者的许多经验,受益匪浅,国防工业出版社崔晓莉主任和赵国星编辑对本书的出版给予了大力支持,在此一并表示谢意。

　　由于编者水平有限,书中若有错误缺点和疏漏,恳请读者批评指正。

编　者

2015 年 6 月于武汉

目　录

第1章 电工测量基础

1.1 电工测量基本概念

电工测量技术是以电工基本理论为依据,以电工电子测量仪器和设备为手段,对各种电量进行测量的一门技术。电工测量是实验教学中基本技能训练的关键环节。

一、电工测量的基本概念

1. 真值

真值是表征物理量与给定特定量的定义相一致的量值,它是客观存在的,是不可测量的。在实际的计量和测量工作中,有"约定真值"和"相对真值"的概念。约定真值是按照国际公认的单位定义,利用科学技术发展的最高水平所复现的单位基准,它常常是以法律形式规定或指定的。就给定目的而言,约定真值的误差是可以忽略的。相对真值是在满足规定准确度时用来代替真值使用的值,也叫实际值。

2. 测量值

由测量仪器或设备给出的量测值。

3. 准确度

准确度是测量结果中系统误差和随机误差的综合,表示测量结果与真值的一致程度。

4. 重复性

重复性是指在相同测量程序、相同测量条件、相同测量和观测人员在相同的地点和相同的测量设备上,对同一被测量进行多次连续测量所得结果之间的一致性。

5. 误差

在实际测量中,由于测量设备不准确,测量方法不完善,测量程序不规范及测量环境因素的影响,都会导致测量结果或多或少地偏离被测量的真值。测量结果与被测量真值之差就是测量误差。

6. 测量

测量是指以获取被测对象量值为目的的全部操作。通过获得的测量值中的有用信息来认识事物、分析现象、解决问题、掌握事物发展变化的规律。

其实质是用实验的方法把被测量与标准的同类单位量进行比较,例如用电压表测量电压就是同类量的比较。被测量的量值一般由数值和相应的单位组成。例如,测得某元件两端的电压为3.2V,则测量值的数值为3.2,V(伏)是它的计量单位。一般测量结果可以表示为

$$X = xk_0 \qquad (1-1)$$

式中:X 为被测量;x 为测量得到的测量值(示值);k_0 为计量单位(基准单位)。

二、电工测量的主要内容

(1) 电量的测量,包括电流、电压(电位)和功率的测量等。

（2）电信号特性的测量,包括频率、周期、相位、幅度、测量等。

（3）电路元器件参数的测量,包括电阻、电感、电容、双口网络参数等。

（4）电路特性的测量,包括电压源、电流源的伏安特性,无源、有源单口网络的伏安特性,频率特性的测量等。

（5）电路定理的验证,包括欧姆定律、基尔霍夫定理、叠加原理、戴维南和诺顿定理等。

（6）非电量通过传感器转化为电量后的测量,包括温度、位移、压力、质量的测量等。

三、计量单位制

中国法定的计量单位制是国际单位制（SI 制）。SI 制包括 7 个基本单位,两个辅助单位和其他导出单位。7 个基本单位是 m（米）、kg（千克）、s（秒）、A（安[培]）、K（开[尔文]）、mol（摩[尔]）、cd（坎[德拉]）。两个辅助单位是 rad（弧度）和 sr（球面度）。

所有物理量的其他单位均可用 7 个基本单位导出。常用的电磁学的单位有 N（牛[顿]）、J（焦[耳]）、W（瓦[特]）、C（库[仑]）、V（伏[特]）、F（法[拉]）、Ω（欧[姆]）、S（西[门子]）、Wb（韦[伯]）、H（亨[利]）、T（特[斯拉]）等。

四、测量方式和方法

1. 测量方式的分类

1）直接测量

在测量过程中,不必进行辅助计算而能够用测量仪器、仪表直接获得被测量的数值的测量方式称为直接测量。直接测量的测量结果就是仪表上的读数,测量结果直接由实验数据获得,被测对象与测量目的是一致的。

2）间接测量

若被测量与几个物理量存在某种函数关系,则可先通过直接测量得到这几个物理量的值,再由函数关系计算出被测量的数值,这种测量方式称为间接测量。间接测量时,被测对象与测量目的是不一致的。例如:本书第三章实验 7 用的就是间接测量。

3）组合测量

当有多个被测量,且它们与几个可直接或间接测量的物理量之间满足某种函数关系时,可通过联立求解函数关系方程组获得被测量的数值,这种测量方式称为组合测量。

2. 测量方法的分类

1）比较测量法

将被测量（未知量）与标准量（已知量）直接进行比较而获得测量结果的方法称为比较测量法。该方法的特征是标准量（度量器）直接参与测量过程。

其优点是测量准确、灵敏度高,适合精密测量。但其缺点是测量操作过程麻烦。

直读测量法在实际测量工作中应用较多,而比较测量法由于测量准确度高,所以常用于精密测量。

2）直读测量法

用直读式仪表直接读取被测量值的方法称为直读测量法。直读式仪器可以是指示式仪表,也可以是数字式仪表。例如,用电压表测量电压,用电流表测量电流,用功率表测量功率等。直读测量法的特征是度量器（标准量）不直接参与测量过程。其优点是设备简单、迅速、操作简便等;缺点是测量的准确度不高。

1.2 测量数据的读取和处理

测量过程中如何从仪器仪表上正确地读取数据,并对数据进行整理、分析和计算,按照技术标准作出正确判断,这是测量人员必须掌握的基本技能,也是电工测量中必不可少的工作。

一、测量数据的读取

1. 指针式仪表测量数据的读取和有效数字的位数

指针式仪表的示值称为直接读数,是指针所指示的标尺值,通常是用格数表示的。使用之前,应使仪表的指针回零,如果指针不在零的位置,可通过调节调零旋钮使指针回零。指针式仪表在读数时,应使视线与仪表标尺平面垂直,如果表盘上带有平面镜,读数时应使指针与其镜像重合,并读取足够的位数,以减小和消除视觉误差,提高读数的准确性。为减少测量误差,一般应采取多次测量后取平均值的方法。指针式仪表测量数据的读取要注意以下 3 个问题。

测量时应首先记录仪表指针读数的格数。

指针式仪表的标度尺每分格所代表的被测量的大小称为仪表常数,也称为分格常数,用 C_a 表示,其计算式为

$$C_a = x_m / a_m \qquad (1-2)$$

式中:x_m 为选择的仪表量程;a_m 为指针式仪表满刻度格数。对于同一块仪表,选择的量程不同则分格常数也不同。当被测电功率 $P = U_N I_N \cos\varphi_N$ 时,仪表指针将满刻度偏转,因此,低功率因数功率表的分格常数为

$$C_P = \frac{U_N I_N \cos\varphi_N}{\alpha_m} (W/格) \qquad (1-3)$$

式中:α_m 表示功率表刻度尺的满刻度格数;$\cos\varphi_N$ 是低功率因数功率表的额定功率因数,它的数值在仪表的表盘上标明,例如 D64 型单相功率表的 $\cos\varphi_N = 0.2$。

从表 1.2-1 中可知,D64 型单相功率表对于不同的电压、电流量程,其分格常数 C_P 的数值不同。应当强调指出,仪表上标明的额定功率因数 $\cos\varphi_N$ 并非被测负载的功率因数,而是制造该仪表的一个参数,即在该表设计刻度时,在额定电流、额定电压下使指针满刻度时的功率因数。

表 1.2-1 D64 型单相功率表分格常数 C_P

电流量程/A ＼ 电压量程/V	75	150	300	450
0.5	0.05	0.1	0.2	0.3
1	0.1	0.2	0.4	0.6

测量数据的示值是指仪表的读数对应的被测量的测量值,它可由下式计算得出:

$$示数 = 读数(格) \times 分格常数 C_a$$

示值的有效数字的位数应与读数的有效数字的位数一致。

例如:如果某型功率表的电压量程 $U_N = 150V$,电流量程 $I_N = 1A$,该表的满偏格数为150 格,测量时指针偏转格数为 70 格,问测得的负载功率是多少?

解:分格常数为

$$C_P = \frac{U_N I_N \cos\varphi}{\alpha_m} = \frac{150 \times 1 \times 0.2}{150} = 0.2$$

负载功率为

$$P = 0.2 \times 70 = 14(\text{W})$$

2. 数字式仪表测量数据的读取

数字式仪表的读出数值无需换算即可作为测量结果的读取数据。但是测量时,数字式仪表量程选择不当,会丢失有效数字,因此应注意合理地选择数字式仪表的量程。

3. 测量结果的正确填写

在进行电路实验时,最终的测量结果通常由测得值和仪表在相应量程时的最大绝对误差共同表示。

实验测量中,采用的是进位方法,误差的有效数字一般只取一位,即只要有效数字后面应予舍弃的数字是 $1 \sim 9$ 中的任何一个时都应进一位。

注意:在测量结果的最后表示中,测得值的有效数字的位数取决于测量结果的误差,即测得值的有效数字的末位数与测量误差的末位数是同一个数位,下面分别介绍指针式仪表和数字式仪表测量数据的读取方法。

二、数据处理

由于数据采集的方法、方式不同,运算方法和实验者的经验不同,数据处理的结果差别较大,数据处理是将实验中获得的原始测量数据进行运算和分析,从而得出结论。因此要注意以下两点。

1. 数据的排列

为了便于分析、计算,而将原始测量数据按一定的顺序排列。

2. 坏值的剔除和数据补充

在测量数据中,有时会出现偏差较大的测量值,它分两类:一类是坏值,是因为随机误差过大而超过了给定的误差界限,应予以剔除;另一类是极值,是因为产生的随机误差较大,但未超过规定的误差界限,应予保留。在测量数据的处理过程中,有时会遇到缺损的数据,或者需要知道测量范围内未测出的中间数值,这时可采用线性插值法、一元拉格朗日插值法和牛顿插值法等方法来补充这些数据。

三、测量数据的表示方法

1. 绘图表示法

测量数据的绘图表示法的优点是直观、形象,能清晰地反映出变量间的函数关系和变化规律。测量结果的绘图表示法通常分 3 步进行:首先选择适当的坐标系和各坐标的分度单位,即坐标上每一格所代表的数值大小;然后把测量后已处理的数据分别标示在图中,最后绘出曲线。

2. 列表法

列表法便于数据的比较和检验,是实验数据最基本和最常用的表示方法。以下是列表法的要点。

(1) 首先对原始测量数据进行整理,作有关数值的计算,剔除坏值等。

(2) 确定表格的具体格式,合理安排表格中的自变量数据和因变量数据。一般将能直接测量的物理量选作自变量。

（3）在表头处给出表的编号和名称，在表尾处对有关情况予以说明。

（4）数据要有序排列，表中数据应以有效数字的形式表示。

（5）表中的各项物理量要给出其单位。

1.3　有效数字的计算规则和方法

一般认为，测量数据位数取得越多，数据就会越准确，计算结果的准确度越高。有些时候，读取数据的位数过多，不仅不能提高测量数据的准确度，反而使计算量大大增加；若读取数据的位数过少，显然会增大误差。因此，需要掌握有效数字的运用方法。

一、有效数字的概念及有效位数的确定

在测量中读取的测量数据，除末位数字可疑欠准确外，其余各位数字都应是准确可靠的。末位数字是估计出来的，因而不准确。

测量数据最后一位数字必须是欠准数字。欠准数字为 0 时，也必须写出来。从测量数据的第一个非 0 数字到欠准数字的所有数字都是有效数字，有效数字的个数就是有效位数。通常说的某数有 n 位有效数字，指的就是有效位数为 n。

在读取和处理数据时，有效数字的位数要合理选择。使所取得的有效数字的位数与实际测量的准确度一致。测量结果未标明测量误差时，一般认为其误差的绝对值不超过末位有效数字单位的 1/2。

有效位数的确定应该遵循如下原则：

（1）右边含若干个零的整数可以用科学记数法表示为含不同有效位数的数。

（2）有效位数确定后，小数点右边有零时，不能随意删去零，也不能在小数点右边随便增添零。

（3）有效数字位中，左边第一位数不能是零。

二、有效数字的表示方法和运算修约规则

记录测量数值时，每一个测量数据都应保留一位欠准数字，即最后一位前的各位数字都必须是准确的；应特别注意数字 0 的作用，数字零可能是有效数字，也可能不是有效数字；大数值与小数值都要用幂的乘积的形式来表示；并非数字的位数保留得越多越好，而是要按照有效数字的位数保留数字，这种处理数字的方式通常称为“修约”。在计算中，常数 π、e 等以及因子的有效数字的位数没有限制，可以认为它的有效数字的位数是无限多的，需要几位就取几位；当有效数字位数确定以后，多余的位数应一律按四舍五入的规则舍去。

当有效位数确定后，可对有效位数右边的数字进行处理，即把多余位数上的数字全舍去，或舍去后再向有效位数的末位进一。这种处理方法叫作数的修约，它与传统的“四舍五入”方法略有不同。如果取 N 位有效数字时，对超过 N 位的数字就都要进行修约。应用“四舍五入”规则，当第 $N+1$ 位数字大于 5 时，由于“只入不舍”，会产生累计误差。因此，若要保留 N 位有效数字，对数字进行处理时，通常采用如下的修约规则。

（1）若第 $N+1$ 位上的数字小于 5，则舍去，大于 5，则向第 N 位进 1。

（2）若第 $N+1$ 位上的数字恰好为 5，而第 $N+1$ 位后面数字不全为零，则向第 N 位

进 1。

（3）若第 $N+1$ 位上的数字恰好为 5，而其后无数字或全部为 0，当第 N 位数字为奇数时，则向第 N 位数进 1，当第 N 位数字为偶数（包括 0）时，则舍去 5 不进位，即"奇进偶不进，N 位为偶数"。

数据进行加减运算时，准确度最差的数就是小数点后面有效数字位数最少的。加减运算的规则与小数点的位置有关，其和的小数位数与标准数的小数位数相同。因此，若干个小数位数不同的有效位数相加时，以小数点后面有效数字位数最少的数据为准，把其余各数据的小数点后面的位数修约成比标准数的小数位数多一位的小数，然后再进行运算。运算结果所保留的小数点后面的位数和准确度最差的数相等。

1.4 误差产生的原因及消除

电工测量中，误差是客观存在的，这与我们对客观事物认识的局限性、测量方法的不完善以及测量工作中常有的各种失误等密切相关，不可避免地使测量结果与真值之间有差别，这种差别就称为测量误差。对误差理论的研究，就是要根据测量误差的规律，在一定测量条件下尽力设法减小测量误差，并根据误差理论合理地设计和组织实验，正确地选用仪器、仪表和测量方法，误差大致分为仪表误差和测量误差。

一、仪表误差及其产生原因

仪表误差是指仪表的测量值与被测量真值之间的差异。测量值与真值之间的差异越小，则测量值越准确，仪表的准确度就越高，它的误差就越小。无论仪表的设计和制造工艺及安装如何力求完善，仪表的误差总是存在的，根据误差产生的原因将仪表误差分为两类。

1. 基本误差

在规定的工作条件下，由于仪表本身的内部特性和质量方面的缺陷等所引起的误差，叫作基本误差。引起基本误差的因素很多，属于基本误差的有摩擦误差、轴隙误差、不平衡误差，标度尺分度和装配不正确误差、游丝（张丝、吊丝）永久变形的误差、读数误差和内部电磁场误差等。指针式仪表的零点漂移、刻度误差以及非线性引起的误差，数字式仪表的量化误差，比较式仪器中标准量本身的误差均属于此类误差。

2. 附加误差

在实际使用仪表时，规定的工作条件经常得不到满足，例如仪表的工作位置倾斜，气温过高或过低，电流波形非正弦，频率偏离额定值，仪表周围存在外磁场或外电场的影响等，都会使仪表的量测值与被测量的真值之间产生附加的差异，这就是附加误差。也就是说，当仪表不是在规定的正常工作条件下使用时，仪表的总误差中除基本误差外，还包含有附加误差。

根据电工测量仪表基本误差的不同情况，国家标准规定了仪表的准确度等级 K，分为 0.1、0.2、0.5、1.0、1.5、2.5、5.0 等 7 级。如果仪表为 K 级，说明该仪表的最大引用误差不超过 $K\%$，而不能认为它在各刻度点上的示值误差都具有 $K\%$ 的准确度。假设某仪表的满刻度值为 x_m，测量点 x，则该仪表在 x 点邻近处的示值误差和相对误差为

$$\begin{cases} \Delta x_{\mathrm{m}} = \pm x_{\mathrm{m}} \times K\% \\ r = \pm \dfrac{x_{\mathrm{m}}}{x} \times K\% \end{cases}$$

二、测量误差的产生原因、分类以及消除

测量误差在任何测量中总是存在的。一般而言,测量工作的意义完全取决于测量的准确度。对于不同的测量,对误差大小的要求也是不同的。

1. 测量误差产生的原因

1) 仪器仪表误差

仪器仪表本身的误差称为仪器误差,这是测量误差的主要来源之一。

2) 方法误差

由于测量方法不合理而造成的误差称为方法误差。例如,用普通万用表测量高内阻回路的电压是不合理的,由此引起的误差就是方法误差。

3) 理论误差

由于测量方法建立在近似公式或不完整的理论基础之上,或是用近似值来计算测量结果,则由此引起的误差称为理论误差。

4) 环境误差

由于环境因素与要求的条件不一致而造成的误差称为影响误差。环境误差也是测量误差的主要来源之一。例如,当环境温度、预热时间或电源电压等因素与测量要求不一致时,就会产生环境误差。

5) 人身误差

由于测量者的分辨能力、疲劳程度、固有习惯或责任心等因素引起的误差称为人身误差。例如,对测量数据最后一位数的估读能力差,念错读数,习惯斜视等引起的误差均属于此类误差。

2. 测量误差的分类

按测量误差的性质和特点,误差可以分为绝对误差、相对误差、引用误差、允许误差。

1) 绝对误差

绝对误差定义为测量值与真值之差用 Δx 表示,即

$$\Delta x = x - A \tag{1-4}$$

式中:x 为测量值;A 为被测量的真值;Δx 为绝对误差。一般来说,除理论真值和计量学约定真值外,真值是无法精确得知的,只能使测量结果尽量地接近真值。因此,式(1-4)中的真值 A 通常用准确测量的实际值 x_{o} 来代替,即

$$\Delta x = x - x_{\mathrm{o}} \tag{1-5}$$

式中:x_{o} 为满足规定准确度,可由高一级标准测量仪器测量获得的实际值,用来近似代替真值。绝对误差具有大小、正负和量纲。在实际测量中,除了绝对误差外还经常用到修正值的概念。它的定义是与绝对误差等值但符号相反的值,即

$$C = -\Delta x = x_{\mathrm{o}} - x \tag{1-6}$$

知道了测量值 x 和修正值 C,由式(1-6)就可以求出被测量的实际值 x_{o}。测量仪表的修正值一般是通过计量部门检定给出,从定义不难看出,仪表的测量值加上修正值就可获得相对真值,即实际值。实际值表示为

$$x_o = x + C \qquad (1-7)$$

2）相对误差

在测量实践中,测量结果准确度的评价常常使用相对误差,因为相对误差是单位测量值的绝对误差,与被测量的单位无关,它是一个纯数。由于相对误差符合人们对准确程度的描述习惯,也反映了误差的方向,因此,在衡量测量结果的误差程度或评价测量结果的准确程度时,一般都用相对误差来表示。

绝对误差只能表示某个测量值的近似程度。对于两个大小不同的测量值,不能用绝对误差来反映测量的准确程度。为了衡量测量值的准确程度,引入了相对误差的概念。相对误差定义为绝对误差与真值之比,一般用百分数形式表示,即

$$r_o = \frac{\Delta x}{A} \times 100\% = \frac{x - A}{A} \times 100\% \qquad (1-8)$$

式中：r_o 为相对误差；Δx 为绝对误差；A 为被测量的真值。这里的真值 A 也用约定真值或相对真值代替。但在约定真值和相对真值无法知道时,往往用测量值代替,即

$$r = \frac{\Delta x}{x_o} \times 100\% \qquad (1-9)$$

一般情况下,在误差比较小时,r_o 和 r 相差不大,无需区分,但在误差比较大时,两者相差悬殊,不能混淆。为了区分,通常把 r_o 称为真值相对误差或实际值相对误差,而把 r 称为测量值(示值)相对误差。

3）引用误差

相对误差可以较好地反映某次测量的准确度。对于连续刻度的仪表,用相对误差来表示在整个量程内仪表的准确度,就不方便了。引用误差是为了评价测量仪表的准确度等级而引入的。因为在仪表的量程内,被测量有不同值。若用式(1-9)来表示仪表的相对误差,随着被测量的不同,式中的分母也在变化；而在一个表的量程内绝对误差变化较小,则求得的相对误差将改变。因此,为计算和划分仪表准确度的方便,提出了引用误差的概念。引用误差是简化的、实用的一种相对误差的表现形式,在多挡和连续刻度的仪表中应用。这类仪表的可测范围不是一个点,而是一个量程。为了计算和划分准确度等级的方便,通常取仪表量程中的测量上限(满刻度值)作为分母,由此引出引用误差的概念。引用误差定义为绝对误差与测量仪器量程(满刻度值)的百分比,即

$$r_n = \frac{\Delta x}{x_m} \times 100\% \qquad (1-10)$$

式中：r_n 为引用误差；Δx 为绝对误差；x_m 为测量仪表量程的上限值。测量仪表的准确度也称为最大引用误差,定义为仪表在全量程范围内可能产生的最大绝对误差 $|\Delta x_m|$ 与仪表量程的上限值 x_m 的比值,即

$$r_{max} = \frac{|\Delta x_m|}{x_m} \times 100\% \qquad (1-11)$$

式中：r_{max} 为最大引用误差,也称为基本误差。

在国家标准 GB 776—1976《测量指示仪表通用技术条件》中规定,电工指示仪表的准确度分为 7 级,如表 1.4-1 所列。仪表的基本误差不能超过准确度等级 K 的百分数,即：

$$r_{max} \leqslant K\%$$

表 1.4 – 1　常用电工批示仪表的准确度等级分类表表的准确度等级

准确度等级 K	0.1	0.2	0.5	1.0	1.5	2.5	5.0
误差范围/%	±0.1	±0.2	±0.5	±1.0	±1.5	±2.5	±5.0

如果知道某仪表的准确度等级为 K 级,它的量程上限值为 x_m,被测量的实际值为 x_o 时,则测量的绝对误差为

$$| \Delta x_m | \leqslant x_m \times K\% \tag{1 – 12}$$

按照上面的规定,测量仪表在使用时,产生的最大可能误差可确定为

$$\begin{cases} \Delta x_m = \pm x_m \times K\% \\ r = \pm \dfrac{x_m}{x} \times K\% \end{cases} \tag{1 – 13}$$

当仪表的等级 K 选定后,测量中绝对误差的最大值与仪表的上限 x_m 成正比。同样由式(1 – 13)可知,因为 $x_m \geqslant x$,当仪表的 K 选定后,x 越接近 x_m,测量的相对误差的最大值就越小,测量越准确,因此,在选用电工仪表测量时,一般使测量的数值尽可能在仪表上限的 2/3 以上,不能小于仪表上限的 1/3 。

测量结果的准确度才等于仪表的准确度,切不要把仪表的准确度和测量结果的准确度混为一谈。选择仪表时不要单纯追求高准确度,应当根据测量准确度的要求合理选择仪表的准确度等级和仪表的测量上限。为了充分利用仪表的准确度,被测量的值应大于仪表测量上限的 $\dfrac{2}{3}$,这时仪表可能出现的最大相对误差为

$$r_{max} = \pm \frac{x_m}{x_m 2/3} \times K\% = \pm 1.5K\%$$

即测量误差不会超过仪表准确度等级数值百分数的 1.5 倍。根据同样道理,当用高准确度等级的指示仪表检验低准确度等级的指示仪表时,两种仪表的测量上限应选择得尽可能一致。

4)允许误差

允许误差是指测量代表在使用条件下可能产生的最大误差范围,是衡量测量仪表的最重要的指标。测量仪表的准确度、稳定度等指标都可用允许误差来表征。允许误差可用工作误差、固定误差、影响误差、稳定性误差来描述。

(1)工作误差。工作误差是在额定工作条件下仪器误差的极限值,即来自仪表外部的各种影响和仪表内部的影响特性为任意可能的组合时,仪表误差的最大极限值。这种表示方式的优点是使用方便,即可利用工作误差直接估计测量结果误差的最大范围。不足的是,由于工作误差是在最不利组合下给出的,而在实际测量中最不利组合的可能性极小,所以由工作误差估计的测量误差一般偏大。

(2)固有误差。固有误差是当仪表的各种影响量和影响特性处于基准条件下仪表所具有的误差。由于基准条件比较严格,所以固有误差可以比较准确地反映仪表所固有的性能,便于在相同条件下对同类仪表进行比较和校准。

(3)环境误差。环境误差是当一个影响量处在额定使用范围内,而其他所有影响量处在基准条件时,仪表所具有的误差,如频率误差、温度误差等。

(4)稳定性误差。稳定性误差是在其他影响和影响特性保持不变的情况下,在规定

的时间内,仪表输出的最大值或最小值与其标称值的偏差。

测量误差也可分为系统误差、随机误差和疏失误差3类。

1) 系统误差

在相同的测量条件下,多次测量同一个量时,误差的绝对值和符号保持不变或按某种确定性规律变化的误差称为系统误差。

设对某被测量进行了相同准确度的 n 次独立测量,测得 x_1,x_2,$\cdots$,x_n,则测量值的算术平均值为

$$\bar{x} = \frac{1}{n}(x_1 + x_2 + \cdots + x_n) = \frac{1}{n}\sum_{i=1}^{n} x_i \qquad (1-14)$$

式中:$\bar{x}$ 为样本均值或称取样平均值。

当测量次数 n 趋于无穷时,取样平均值的极限被定义为测量值的数学期望 α_x,即

$$\alpha_x = \lim_{n\to\infty}\frac{1}{n}\sum_{i=1}^{n} x_i \qquad (1-15)$$

测量值的数学期望 α_x 与测量值的实际值(替代真值)x_o 之差,被定义为系统误差 ε,即

$$\varepsilon = \alpha_x - x_o \qquad (1-16)$$

产生系统误差的原因很多,常见的有测量设备的缺陷、测量仪表不准确、仪表安装和使用不当等;仪表使用时周围环境的温度和湿度、电源电压、磁场等发生变化;使用的测量方法不完善、理论依据不严密、采用了近似公式等。

系统误差的大小,可以衡量测量数据与真值的偏离程度,即测量的准确度。系统误差越小,测量的结果就越准确。由于系统误差具有一定的规律性,因此可以根据误差产生的原因,采取一定的措施,设法消除或加以修正。

2) 随机误差

在相同条件下,多次测量同一量时,误差的绝对值和符号均发生变化,其值时大时小,符号时正时负,没有确定的变化规律,且不可以预测的误差称为随机误差。在对某被测量进行的 n 次测量中,各次测量值 x_i($i = 1,2,\cdots,n$)与其数学期望 α_x 之差,被定义为随机误差 δ_i,即

$$\delta_i = x_i - \alpha_x (i = 1,2,\cdots,n) \qquad (1-17)$$

所以

$$\varepsilon + \delta_i = x_i - x_o = \Delta x_i \qquad (1-18)$$

即各次测量的系统误差和随机误差的代数和等于其绝对误差。

大量测试结果表明,随机误差是服从统计规律的,即误差相对小的出现概率大,而误差相对大的出现概率小,而且大小相等的正负误差出现的概率也基本相等。显然,多次测量产生的随机误差服从统计规律,其概率分布大体上是正态分布。如果测量的次数足够多,随机误差平均值的极限将趋于零。因此,如果欲使测量结果有更高的可靠性,应把同一种测量重复做多次,取多次测量的平均值作为测量结果。随机误差说明了测量数据本身的离散程度,可以反映测量的准确度。随机误差越小,测量的准确度就越高。

随机误差的变化特点是具有对称性、有界性、抵偿性。因此,可以通过多次测量、计算

平均值的办法来削弱随机误差对测量结果的影响。抵偿性是随机误差的重要特点,具有抵偿性的误差,一般可以按随机误差来处理。

3）疏失误差

疏失误差是由实验者和测量条件两方面的原因产生的。测量过程中由于仪表读数的错误、记录或计算的差错、测量方法不合理、操作方法不正确、使用了有毛病的仪器、仪表等,使测量数据明显地超过正常条件下的系统误差和随机误差,所以由于测量者的疏忽过失而造成的误差称为疏失误差。就测量数值而言,疏失误差一般都明显地超过正常情况下的系统误差和随机误差。

在测量实践中,对于测量误差的划分是人为的、有条件的。在不同的场合,不同的测量条件下,误差之间是可以互相转化的。例如指示仪表的刻度误差,对于制造厂同型号的一批仪表来说具有随机性,属于随机误差;对于具体使用的特定一块表来说,该误差是固定不变的,故属系统误差。

三、测量误差的消除

1. 系统误差的消除

通常采用下面方法减小或消除。

首先消除由测量仪器仪表所引起的误差。用于测量的标准量具和仪器仪表,在制造过程中产生的误差是基本允许误差,属于系统误差,它决定了仪表(包括量具)的准确度等级。在测量实践中要根据测量准确度的要求,选用不同准确度等级的仪器仪表。仪表的使用条件偏离其出厂时规定的标准条件,还会产生附加误差。附加误差与仪表的安装、调整及使用环境有关,在测量前要进行认真的观察研究,针对具体问题予以解决或估量其影响的大小。对仪表要定期进行检测,并确定校正值的大小,检查各种外界因素,如温度、湿度、气压、电场、磁场等对仪器指示的影响,并做出各种校正公式、校正曲线或图表。用它们对测量结果进行校正,以提高测量结果的准确度。检查仪器仪表是否在检测周期之内也是一项重要工作,如超出检测周期则应该进行检测。

其次消除由测量方法和测量人员所引起的误差。在测量前要充分考虑测量中一些可能导致误差的影响因素,以及采用了近似公式所引起的误差。影响因素主要有测量电路与被测对象之间的相互影响、测量线路中的漏电、引线及接触电阻、平衡电路中的示零指示器的误差等。这些情况应尽量设法避免,在不能完全消除时,应估计其影响程度。在仪表准确度已确定的情况下,量程大就意味着仪表偏转很小,从而增大了相对误差。因此,合理地选择量程,并尽可能使仪表读数接近满量程的位置。由实验者的反应速度和固有习惯等特点所引起的误差,属于人员误差。这些由实验者个人特点引起的系统误差,将反映到测量结果中去。

最后采用正负误差相消法和替代法测量。这种方法可以消除外磁场对仪表的影响。进行正反两次位置变换的测量,然后将测量结果取平均值。该方法也可用于消除某些直流仪器接头的热电动势的影响,其方法是改变原来的电流方向,然后取正、反两次数据的平均值。

替代法被广泛应用在元件参数上,如用电桥法或谐振法测量电容器的电容量和线圈的电感量。这种方法的优点是可以消除对地电容、导线的分布电容、分布电感和电感线圈中的固有电容等影响。例如用谐振法测量电容器的电容量 C_x 时,电路接线如图 1.4 − 1 所示,由于电感线圈 L_0 总是存在固有电容 C_s,所以测得的结果已不是真实的电容量 C_x,

为了消除 C_s 的影响,可把谐振法和替代法结合起来进行测量。测量分两步进行,先将信号发生器频率调到回路 L_o、C_s、C_x 的谐振频率上,即

$$f = \frac{1}{2\pi \sqrt{L_o(C_s + C_o)}}$$ (1 - 19)

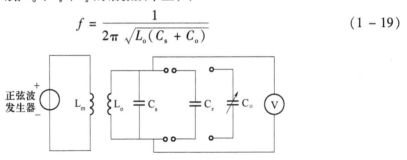

图 1.4 - 1　用替代法测量电容器的电容量的电路接线图

然后用标准可变电容器 C_o 代替 C_x,调整 C_o 使 L_o、C_s、C_o 调谐到原来的谐振频率 f 上,则有

$$f = \frac{1}{2\pi \sqrt{L_o(C_s + C_x)}}$$ (1 - 20)

比较式(1 - 19)和式(1 - 20),得到 $C_x = C_o$。由此可知,标准可变电容器 C_o 的数值就是所要测定的电容器 C_x 的电容量。

2. 随机误差的消除

由于仪器仪表读数准确度不够,在一般测量中随机误差往往被系统误差淹没而不易被发现,因此,随机误差只是在进行准确测量时才被发现。在精密测量中首先应消除系统误差,然后再做消除和减小随机误差的工作。随机误差是符合概率统计规律的,因此对它可采取一些方法消除。

(1) 采用求算术平均值的方法。因为随机误差数值时大时小,时正时负,采用多次测量求算术平均值就可以有效地增多误差相互抵消的机会。若把测量次数 n 增加到足够多,则算术平均值就近似等于所求结果,即

$$\bar{x} = \frac{1}{n} \sum_{i=1}^{n} x_i$$ (1 - 21)

式中:$\bar{x}$ 为测量结果的算术平均值;n 为测量次数;x_i 为第 i 次的测量值。

(2) 采用求均方根误差或标准偏差的方法。第 k 次测量值与算术平均值之差称为偏差。用偏差的平均数来表示随机误差是一种方法,正负偏差的代数和在测量次数增大时趋向于零,为了避开偏差的正负符号,可将第 k 次偏差平方后相加再除以测量次数 $(n-1)$ 得到平均偏差平方和,最后再开方得到均方根误差,即

$$\sigma = \pm \sqrt{\frac{\sum_{k=1}^{n} (x_k - \bar{x})^2}{n - 1}}$$ (1 - 22)

式中:σ 为均方根误差;n 为测量次数。为了估计测量结果 $\bar{x}$ 的准确度,又常采用标准偏差这个概念,即

$$\sigma_s = \pm \frac{\sigma}{\sqrt{n}}$$ (1 - 23)

式中:σ_s 为标准偏差。式(1 - 22)表明,测量次数 n 越大,则测量准确度越高。但 σ 与 n

的平方根成反比,因此准确度的提高随 n 的增大而减缓,故通常 n 取 20 就足够了。随机误差 3σ 的概率仅为 1% 以下,而小于 3σ 的概率占 99% 以上。对于标准偏差 σ 也是如此,最大值不易超过 3σ。可以将测量结果考虑随机误差后写为

$$x = \bar{x} \pm 3\sigma \qquad\qquad (1-24)$$

1.5 实验数据的图示方法

测量结果除了用数据表示外,有时还需画出各种曲线,这尤其对研究一个物理量与另一个物理量的依从关系,显得特别方便。

由于测量过程中总存在着误差,因此在坐标纸上获得的所有测量数据不可能全部落在一条光滑的曲线上,这就要求从大量含有误差的数据点中确定一条比较理想的光滑曲线。这一工作称为曲线的拟合或修匀。下面简单介绍一些工程中常用的简便有效的拟合方法。

一、作图的一般方法

测量结果的图示方法,第一步是把测量数据点标在适当的坐标系中;第二步是作出拟合曲线(或直线)。在作图时应注意下面几个问题。

(1) 作图之前,为了避免差错,应将测量数据列成表格备查。

(2) 作图最常用的坐标为直角坐标,此外还有极坐标、对数坐标等其他形式的坐标。对于函数 $y = f(x)$,一般以自变量 x 作为横坐标。数据点可用空心小圆圈、实心圆点等作标记,其中心应与数据点重合。标记一般在 1mm 左右,如图 1.5 - 1 所示。

(3) 测量数据点的选择,应根据曲线的具体形状而定。为了便于作图,通常各数据点应大体上沿曲线均匀分布,因而数据点沿 x 或 y 坐标的分布就不一定是均匀的,如图 1.5 - 2 所示。

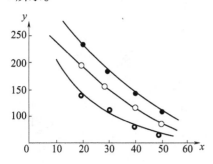

图 1.5 - 1 数据点的几种表示方法

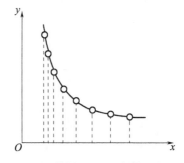

图 1.5 - 2 测量数据可以在坐标轴上非均匀分布

(4) 此外,在曲线的曲率较大的区段测量点应适当密一些,在曲率较小的区段则可稀一些,对于曲线的某些重要部位,应特别加以注意。例如在极值附近,测量点应密集一些,尽可能测出真正的极值,如图 1.5 - 3 中曲线 "·—·—·" 所示。否则,有可能得出错误的结果,如图 1.5 - 3 曲线 "〇—〇—〇" 所示。当曲线的形状完全未知时,应先缓慢地调节 x 并粗略地观察 y 的变化情况,以便做到心中有数。

坐标的分度及比例的选择对正确反映和分析测量结果至关重要,一般应注意如下几个方面。

（1）在直角坐标中，线性分度应用最为普遍。分度值的大小应与测量误差相一致。例如在表1.5-1给出的数据中，设电压测量的误差为0.02V，最大分度值不超过0.05V，由表1.5-1数据所画的图如图1.5-4所示。

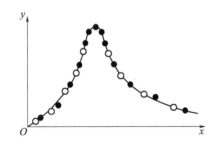

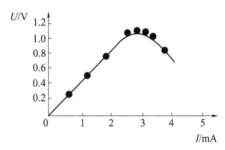

图1.5-3　在极值点附近测量点更加密集　　　图1.5-4　由表1.5-1数据所画的图

表1.5-1　某一元件伏安特性的测量数据

I/mA	0	0.5	1.0	1.5	2.0	2.5	3.0	3.3	3.5
U/V	0	0.22	0.43	0.60	0.76	0.69	0.98	0.99	0.97

如果分度过大，则会牺牲原有的测量精度，产生较大的误差。例如分度值到0.5V，那么在坐标中要读到0.05V是比较困难的，更不必说要读到0.01V或0.02V。反之，若分度值取得过小，则会夸大原有的测量精度。例如最小分度值取0.001V，就会造成电压测量的精度高达10^{-3} V的错觉。

（2）横坐标和纵坐标的比例不一定一致，也不一定都要从坐标原点开始，应根据具体情况适当选择，以便于读数、分析和使用。例如，同样的数据在图1.5-5(a)中就不如在图1.5-5(b)中清楚。如果比例取得过大，则会使图幅很大；如果比例取得过小，一方面会给分度带来困难，另一方面会使曲线的变化规律不明显。如图1.5-6(a)所示的曲线，若y轴比例选择不当，可能会绘成如图1.5-6(b)那样，被误认为是一条直线。

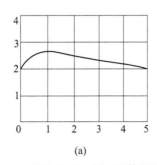

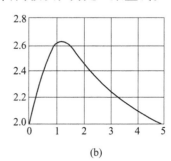

（a）　　　　　　　　　　　　　　　　　（b）

图1.5-5　同一组数据采用不同坐标的分布后所作出的不同精度的曲线

（3）由于测量数据不可避免地存在误差，所以在一般情况下不应直接把各数据点连成一条折线；也不要作出一条弯曲很多的曲线硬性通过所有的数据点。

（4）当测量数据点的弥散程度不大时，则可应用绘图曲线板或徒手作出一条尽可能靠近多个数据点且曲线两侧的数据点数目相当的平滑的拟合曲线。当数据点的弥散程度较大时，则采取其他方法作图。

二、分组平均作图法

当数据点的弥散程度较大时，徒手绘制拟合曲线是比较困难的，并且不同人作出的拟

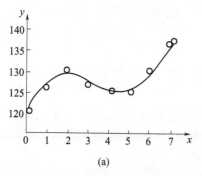

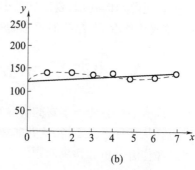

图 1.5-6　同一组数据采用不同的坐标比例后所作出的不同精度的曲线

合曲线可能会有很大的差别。为了提高作图精度,下面介绍一种工程上常用的分组平均作图法。

分组平均作图法,就是沿 x 轴把数据点分成若干个组(例如分成 m 组),分别求出各组的平均值 $(\bar{x}_1, \bar{y}_1)$,$(\bar{x}_2, \bar{y}_2)$,$\cdots$,$(\bar{x}_k, \bar{y}_k)$,$\cdots$,$(\bar{x}_m, \bar{y}_m)$,然后再根据这些平均值来作图。

上述分组平均的过程,就是一种简单的平差过程,其作用是削减测量误差的影响,使作图较为方便和准确。如果分组太细(即每组内的数据点太少),则使平差效果不显著。若分组太粗,则平均后的点又太少,不便作图。因此,分组的粗细应视具体情况而定,且每组内的点数也不必相同。在曲线的曲率较大的区段可适当分细一些。为了保证各组平均值 $(\bar{x}_k, \bar{y}_k)$ 准确,最好列表计算,如表 1.5-2 所列。

表 1.5-2　分组以及平均值数据

分组平均	x_i	x_1, x_2, x_3	x_4, x_5, x_6	$\cdots$	x_{n-2}, x_{n-1}, x_n
	y_i	y_1, y_2, y_3	y_4, y_5, y_6	$\cdots$	y_{n-2}, y_{n-1}, y_n
	$\bar{x}_k$	$\bar{x}_1 = \dfrac{x_1 + x_2 + x_3}{3}$	$\bar{x}_2 = \dfrac{x_4 + x_5 + x_6}{3}$	$\cdots$	$\bar{x}_m = \dfrac{x_{n-2} + x_{n-1} + x_n}{3}$
	$\bar{y}_k$	$\bar{y}_1 = \dfrac{y_1 + y_2 + y_3}{3}$	$\bar{y}_2 = \dfrac{y_4 + y_5 + y_6}{3}$	$\cdots$	$\bar{y}_m = \dfrac{y_{n-2} + y_{n-1} + y_n}{3}$

注:n 为测量数据点的个数;i 表示第 i 个测量数据点;m 为分组数;k 为第 k 分组

在要求不高时,也可以直接在图上用目测平均的方法作图。例如用目测两数据点的连线的中点作为平均值来作图,如图 1.5-7(a)所示;也可用目测来取相邻三数据点构成的三角形的几何中心作为平均值,如图 1.5-7(b)所示;还可以用两两平均后再取平均等方法来作图。

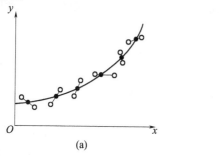

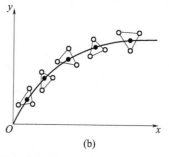

图 1.5-7　用目测平均的方法作图

15

曲线拟合更严密的处理,要用到最小二乘法、回归分析等比较复杂的数学工具。由于篇幅有限,这里不作介绍,需要时可参阅有关文献。

1.6　电路实验中常见故障及其一般排除方法

对初学或实验经验还不丰富的实验者来说,在实验中出现问题、发生这样或那样的故障在所难免。从某种意义上说,这并非坏事,相反可通过对电路简单故障的分析、排除,可以逐步提高操作者分析和解决问题的能力。

一、故障产生的原因

实验中产生故障的原因各种各样,大致可归纳为以下几个方面。

1. 仪器设备

(1)仪器自身工作状态不稳定或损坏。

(2)仪器超出了正常工作的范围,或调错了仪器旋钮的位置。

(3)测量线路损坏或接触不良(虚连接或内部断线)。

(4)仪器旋钮发生松动,偏离了正常的位置。

2. 器件与连接

(1)用错了器件或选错了标称值。

(2)连线出错,导致原电路的拓扑结构发生改变。

(3)连接线接触不良或损坏。

(4)在同一个测量系统中有多点接地,或随意改变了接地位置。

(5)实验线路布局不合理,电路内部产生干扰。

3. 错误操作

(1)未严格按照操作规程使用仪器。如读取数据前没有先检查零点或零基线是否准确,读数的姿势不当、表针的位置、量程不正确等。

(2)错误地改变了电路结构,使得电路处于不正常工作状态。

(3)采用不正确的测量方法,选用了不恰当的仪器。

二、故障分类

1. 开路故障

开路故障的一般现象为无电压、无电流、指示仪表无偏转、示波器不显示波形等。

2. 短路故障

短路故障的现象为电路中电流剧增、表指针打弯、熔断器熔断、电路元件冒烟、有烧焦气味等。

3. 其他故障

因元件质量差,或因使用年限长、潮湿发霉而引起元件老化变质,导致实验装置工作不正常等。故障现象表现为测试数据与预先估计相差较远。

三、排除故障的一般方法

在整个实验过程中,实验者都必须集中精力,保持头脑清醒。应充分运用感觉器官,通过仪器仪表的显示状况、气味、声响、温度等异常反应及早发现故障。一旦发现故障或异常现象,应立即切断电源,保持现场,正确处理。禁止在原因不明时,胡乱采取处理措施,随意拆除或改动线路,这样会使故障进一步扩大,造成不必要的损失。

下面介绍排除故障的主要方法。

1. 断电观察法

在实验中出现电阻、变压器烧坏,电容器炸裂,电表卡针,电路断线等故障时,通过断电观察往往能很快找出电路损坏的部分或发热器件。更换损坏的元器件后,应进一步查对实验电路图,搞清损坏器件的部位和原因,彻底排除故障后,才能再次通电。

2. 断电测量电阻法

如果仅凭观察不易发现问题,可利用万用表的欧姆挡逐个测试各元器件是否损坏,插件是否接触不良,导线是否断线或者短路,某器件的电阻值是否发生了变化,电容、二极管是否被击穿等。该类故障多发生在具有高电压、大电流及含有有源器件的电路中。

根据实验原理,电路中某两点应该导通(或电阻极小),而万用表测出是开路(或电阻很大);或某两点应该是开路(或电阻很大),但测得的结果为短路(或电阻很小),则故障必在此两点间。

3. 通电测电压法

对实验电路施加电源或信号源,利用万用表的电压挡能测量电源是否有电压,若有电压则继续向后顺序检查各元件、各支路是否有正常电压降,这样可以逐步缩小故障出现范围,最后确定故障部位。

4. 信号寻迹法

使用适当频率和振幅的信号源作为测试电压信号,加到实验装置的输入端,然后利用示波器从信号输入端开始,逐一观测各元器件、各支路是否有正常的电压波形和振幅,从而可观测到反常迹象,找出故障所在。这种方法特别适用于检查电子线路中的故障。要针对故障类型和实验线路结构情况选择检测方法。如短路故障或电路工作电压较高(200V 以上),不宜用通电法检测。而当被测电路中含有微安表、场效应管、集成电路、大电容等元件时,不宜用断电法(电阻挡)检测。因为在这两种情况下,检测方法不当,可能会损坏仪表、元件,甚至触电。有时实验电路中有多种或多个故障,并且相互掩盖或影响,要耐心细致地去分析查找。

1.7 安 全 用 电

一、电流对人体的作用

安全电压有两种,36V 和 12V。一般情况下可采用 36V 的安全电压;在非常潮湿的场所或容易大面积触电的场所,如坑道内、锅炉内作业,应采用 12V 的安全电压。

当人体触及带电体或距高压带电体的距离小于放电距离时,以及因强力电弧等使人体受到危害,这些统称为触电。人体受到电的危害分为电击和电伤。

1. 电击

人体触及带电体有电流通过人体时将发生 3 种效应:一是热效应(人体有电阻而发热);二是化学效应(电解);三是机械力效应。

人体受电流的危害程度与许多因素有关,诸如电压的高低、频率的高低、人体电阻的大小、触电部位、时间长短、体质的好坏、精神状态等。人体的电阻并不是常数,一般在

$40k\Omega \sim 100k\Omega$ 之间,这个阻值主要集中在皮肤,去除皮肤则人体电阻只有 $400\Omega \sim 800\Omega$。当然人体皮肤电阻的大小也取决于许多因素,如皮肤的粗糙或细腻、干燥或湿润、洁净或脏污等。另外 50Hz、60Hz 的交流电对人体的伤害最为严重,直流和高频电流对人体的伤害较轻,人的心脏、大脑等部位最怕电击,过分恐惧会带来更加不利的后果,如表 1.7 – 1 所列。

2. 电伤

电伤是指由电流的热效应、化学效应、机械效应、电弧的烧伤及熔化的金属飞溅等造成的对人体外部的伤害。电弧的烧伤是常见的一种伤害。

3. 触电的形式

1)直接触电

直接触电是指人在工作时误碰带电导体造成的电击伤害。防止直接触电的基本措施是保持人体与带电体之间的安全距离。安全距离是指在各种工作条件下带电体与人之间、带电体与地面或其他物体之间以及不同带电体之间必须保持的最小距离,以此保证工作人员在正常作业时不至于受到伤害。表 1.7 – 2 列出安全距离的规范值。

表 1.7 – 1 电流大小与人体被伤害的程度的关系

名称	定 义	成年男性/mA		成年女性/mA	
感觉电流	引起感觉的最小电流	交流	1.1	交流	0.7
		直流	5.2	直流	3.5
摆脱电流	触电后能自主摆脱的最大电流	交流	16	交流	10.5
		直流	76	直流	51
致命电流	在较短时间内能危及生命的最小电流	交流	30~50		
		直流	1300(0.3s);50(3s)		

表 1.7 – 2 人与带电设备的安全距离

电压等级/kV	安全距离/m		电压等级/kV	安全距离/m	
	有围栏	无围栏		有围栏	无围栏
10 以下	0.35	0.7	60	1.5	1.5
35	0.5	1.0	220	3.0	3.0

2)间接触电

它是指设备运行中因设备漏电,人体接触金属外壳造成的电击伤害。防止此种伤害的基本措施是合理提高电气设备的绝缘水平,避免设备过载运行发生过热而导致绝缘层损坏,要定期检修、保养、维护设备。对于携带式电器应采取工作绝缘和保护绝缘的双重绝缘措施,规范安装各种保护装置等。

3)单相触电

如图 1.7 – 1 所示为单相触电,它是指人站立于地面而触及输电线路的一根火线造成的电击伤害。这是最常见的一种触电方式。在 380V/220V 中性点接地系统中,人将承受 220V 的电压。在中性点不接地系统中,人体触及一根火线,电流将通过人体、线路与大地的电容形成通路,也能造成对人体的伤害。

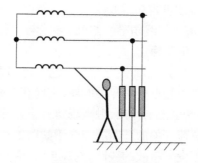

图 1.7 - 1 单相触电

4）两相触电

如图 1.7 - 2 所示是两相触电，它是指人两手分别触及两根火线造成的电击伤害。此种情况下，人的两手之间承受着 380V 的线电压，这是很危险的。

5）跨步电压触电

如图 1.7 - 3 所示是跨步电压触电，它是指高压线跌落，或是采用两相一地制的三相供电系统中，在相线的接地处有电流流入地下向四周流散，在 20m 径向内不同点间会出现电位差，人的两脚沿径向分开，可能发生跨步电压触电。

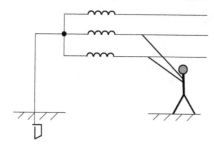

图 1.7 - 2 两相触电

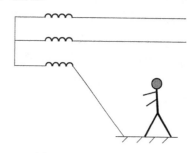

图 1.7 - 3 跨步电压触电

4. 电气安全的基本要求

1）安全电压的概念

安全电压是指为防止触电而采取的特定电源供电的电压系列。在任何情况下，两导线间及导线对地之间都不能超过交流有效值 50V。安全电压的额定值等级为 42V、36V、24V、12V、6V。在一般情况下采用 36V 的电压等级，移动电源（如行灯）多为 36V，在特别危险的场合采用 12V。当电压超过 24V 时，必须采取防止直接接触带电体的防护措施。

2）严格执行各种安全规章制度

一切用电户，电气工作人员和一般的用电人员都必须严格遵守相应的规章制度。对电气工作人员来说，相关的安全组织制度包括工作许可制度、工作票制度、工作监护制度和工作间断、转移、交接制度，安全技术保障制度包括停电、验电、装设接地线和悬挂警示牌和围栏等制度。非电气人员不能要求电气人员做任何违章作业。

3）电器装置的安全要求

（1）正确选择线径和熔断器。根据负荷电流的大小合理选择导线的截面和配置相应的熔断器是避免导线过热而发生火灾事故的基本要求。应该根据导线材料、绝缘材料布设条件、允许的升温和机械强度的要求查手册予以确定。一般塑料绝缘导线的温度不得超过70℃,橡皮绝缘导线的温度不得超过65℃。

（2）保证导线的安全距离。导线与导线之间,导线与工程设备之间,导线与地面、树木之间应有足够的距离,要查手册确定。

（3）正确选择断路器、隔离开关和负荷开关。这些电器都是开关,但是功能有所不同,要正确理解和选用。断路器是重要的开关电器,它能在事故状态下迅速断开电路以防止事故扩大。隔离开关有隔断电源的作用,触点暴露有明显的断开提示,它不能带负荷操作,应与断路器配合使用。负荷开关的开断能力介于断路器和隔离开关之间,一般只能切断和闭合正常线路,不能切断发生事故的线路,它应当与熔断器配合使用,用熔断器切断电流过大的电路。

（4）要规范安装各种保护装置。诸如接地和接零保护、漏电保护、过电流保护、缺相保护、欠压保护和过电压保护等装置,目前生产的断路器的保护功能相当完善。

5. 家庭安全用电

在现代社会,家庭用电愈来愈复杂,家庭触电时有发生。家庭触电是人体站在地上接触了火线,或同时接触了零线与火线,就其原因分为以下几类。

1）无意间的误触电

因导线绝缘破损而导致在无意间触电,所以平时的保养、维护是不可忽视的。潮湿环境下容易触电,所以不可用湿手搬动开关或拔、插电插头。

2）不规范操作造成的触电

不停电修理、安装电器设施时造成的触电,有下述情况:带电操作但没有与地绝缘;或是虽然与地采取了绝缘措施但手又接触了墙体;或是手接触了火线同时又碰上零线;或是使用了没有绝缘的工具,造成火线与零线的短路等。所以一定要切忌带电作业,而且在停电后要验电。

3）电器设备的不正确安装造成的危害

（1）电器设备外壳没有安装保护线,设备一旦漏电就可能造成触电,所以一定要使用单相三线插头并接好接地或接零保护。

（2）开关安装不正确或是安在零线上,这样在开关关断的情况下,火线仍然与设备相连而造成误触电。

（3）把火线接在螺口灯泡外皮的螺扣上造成触电。

（4）把接地保护接在自来水、暖气、煤气管道上,设备一旦出现短路会导致这些管道电位升高造成触电。

（5）误用代用品,如用铜丝、铝丝、铁丝等代替保险丝,没有起到实际保险作用而造成火灾;用医用的伤湿止痛贴膏之类的物品代替专业用绝缘胶布造成触电等。

6. 电气事故的紧急处置

（1）对于电气事故引起的火灾,首先要就近切断电源而后救火。切忌在电源未切断之前用水扑火,因为水能导电反而能导致人员触电。拉动开关有困难时,要用带绝缘的工具切断电源。

（2）人体触电后最为重要的是迅速离开带电体,延续时间越长造成的危害越大。在触电不太严重的情况下靠人自卫反应能迅速离开,但在较严重的情况下自己已无能为力了,此时必须靠他人,迅速切断电源进行救护。切断电源有困难时,救护人员不要直接用裸手接触触电人的肉体而必须有绝缘防护。由此可见,要切忌一人单独操作,以免发生事故而无人救护。

二、电气接地和接零

电气接地是指电气设备的某一部位(不论带电与否)与具有零电位的大地相连。电气接地有以下几种方式。

1. 工作接地

工作接地是指在电力系统中,为了运行的需要而设置的接地。图 1.7 - 4 所示为应该推广的三相五线制低压供电系统。发电机、变压器的中性点接地。中性点的引出线 N 称工作零线。工作零线为单相用电提供回路。从中性点引出的 PE 线叫保护零线。将工作零线和保护零线的一点或几点再次接地叫重复接地。低压系统工作中应将工作零线与保护零线分开。保护零线不能接在负荷回路中。

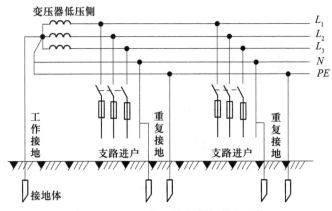

图 1.7 - 4 三相五线制低压供电系统

2. 保护接地

把电器设备不应该带电的金属构件、外壳与埋在地下的接地体用接地线连接起来的设施称为保护接地。这样能保持设备的外壳与大地等电位以防止设备漏电对人员造成伤害。

目前保护接地有下列几种形式。

1)TT 系统

TT 系统是指在三相四线制供电系统中,将电气设备的金属外壳通过接地线接至与电力系统无关联的接地点,这就是所说的接地保护,如图 1.7 - 5 所示。

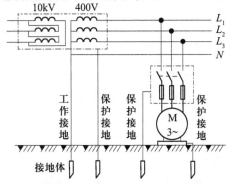

图 1.7 - 5 电力网中的 TT 接地系统

2）TN 系统

TN 系统是指在三相四线制供电系统中,将电气设备的金属外壳通过保护线接至电网的接地点,这就是所说的接零保护。这是接地的一种特殊形式。根据保护零线与工作零线的组合情况又分为 3 种情况。

（1）TN-C 系统。TN-C 系统中工作零线 N 与保护零线 PE 是合一的,如图 1.7 - 6 所示。这是目前最常见的一种形式。

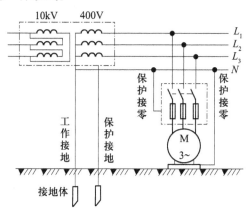

图 1.7 - 6 电力网中的 TN-C 接零保护系统

（2）TN-S 系统。TN-S 系统中工作零线 N 与保护零线 PE 是分别引出的,接零保护只能接在保护零线上,正常情况下保护零线上是没有电流的。这是目前推广的一种形式。

（3）TN-C-S 系统。TN-C-S 系统是 TN-C 和 TN-S 系统的组合。在输电线路的前段工作零线 N 和保护零线 PE 是合一的,在后段是分开的。

3. 其他的接地系统

（1）过电压保护接地。为了防止雷击或过电压的危险而设置的接地称为过电压保护接地。

（2）防静电接地。为了防止生产过程中产生的静电造成危害而设置的接地称为防静电接地。

（3）屏蔽接地。为了防止电磁感应的影响,把电器设备的金属外壳、屏蔽罩等接地称为屏蔽接地。

4. 接地保护的原理

如图 1.7 - 7(a)所示,设备没有采取接地保护措施。当电路某一相绝缘损坏而使机座带电时,人触及了带电的机座,便有电流通过人体—大地—电网的工作接地点形成回路而造成对人体的伤害。即便是中性点不接地的系统也能通过大地对线路的电容形成回路。相反如图 1.7 - 7(b)所示那样采取了接地保护措施,设备与大地仅有几欧姆的接地电阻。一旦设备漏电,电流经过接地线—接地体—线路与大地的电容以及电网工作接地点形成回路而使流过人体的电流极小,免除了对人体的伤害。采用接零保护时漏电流是通过接零保护线形成回路而不经过人体。图 1.7 - 8 所示为中性点接地电网,所有设备采用接零保护,但没有采取重复接地保护。此时的危险是如果零线因事故断开,只要后面的设备有一台发生漏电,则会导致所有设备的外壳都带电而造成大面积触电事故。

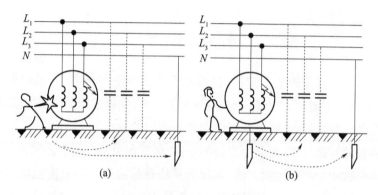

图 1.7 – 7　接地保护的原理

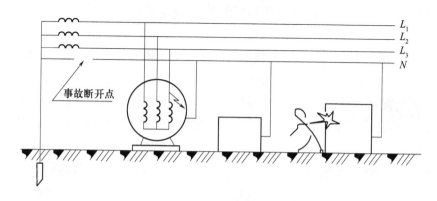

图 1.7 – 8　没有重复接地的危险

5. 对接地系统的一般要求

对接地系统的要求如下。

（1）一般在三相四线制供电系统中,应采取接零保护、重复接地。但是由于三相负载不对称,零线上的电流会引起中性点位移,所以推荐采用三相五线制。保护零线 N 和工作零线 PE 都应当重复接地。

（2）不同用途、不同电压的设备如没有特殊规定应采用同一接地体。

（3）如接地有困难时应设置绝缘工作台,避免操作人员与外物接触。

（4）低压电网的中性点可直接接地或不接地。380V/220V 电网的中性点应直接接地。中性点接地的电网应安装能迅速自动切断接地短路电流的保护装置。

（5）在中性点不接地的电网中,电气设备的外壳也应采取保护接地措施,并安装能迅速反应接地故障的装置,也可安装延时自动切除接地故障的装置。

（6）由同一变压器、同一段母线供电的低压电网不应同时采用接地保护和接零保护。但在低压电网中的设备同时采用接零保护有困难时,也可同时采用两种保护方式。

（7）在中性点直接接地的电网中,除移动设备或另有规定外,零线应在电源进户处重复接地,或是接在户内配电柜的接地线上。架空线不论干线、分支线,在沿途每千米处及终端都应重复接地。

（8）三线制直流电力回路的中性线也应直接接地。

本章小结

本章介绍了电工测量的基本知识,包括电工测量的基本概念、测量数据的读取和处理、有效数字的计算规则和方法、仪表误差与测量误差、实验数据的图示方法、电路实验中常见的故障及其一般排除方法,以及安全用电方面的常识。

从电工测量的结果分类,可分为直接测量法、间接测量法和组合测量法。直接测量法是指能直接得到被测量值的测量方法;间接测量法是指通过对与被测量成函数关系的其他量进行测量,取得被测量值的测量方法;组合测量法指多个被测量,且它们与几个可直接或间接测量的物理量之间满足某种函数关系,通过联立求解函数关系式的方程组获得被测量数值的方法。

测量过程中必然有误差产生,测量误差产的主要原因有仪器误差、方法误差、理论误差、环境误差、人身误差。测量误差可表示为绝对误差、相对误差、引用误差和允许误差4种形式。测量误差一般按其性质分为系统误差、随机误差和疏失误差。上述3类误差在实际测量中,划分是人为的、是有条件的,在不同的场合、不同的测量条件下,误差之间是可以互相转化的。

误差不可能完全消除,但是可以尽量的减少。系统误差的消除包括3种方法:①从系统误差的来源上消除,是消除或减弱误差的最基本方法。②利用修正的方法是消除或减弱系统误差的常用方法。该方法就是测量前或测量过程中,求取某类系统误差的修正值,而在测量的数据处理过程中手动或自动地将测量读数或结果与修正值相加,就可从测量读数或结果中消除或减弱该类系统误差。③利用特殊的测量方法来消除。

习 题

1. 电工测量的对象有哪些?
2. 解释术语真值、示值、标准值。
3. 电工测量的基本方法有哪些?
4. 试叙述测量误差产生的原因有哪些。
5. 测量误差的表示方法有哪几种形式?
6. 利用替代法来消除测量误差,基本思想是什么?
7. 简述利用正负误差相消法来消除测量误差的基本思想。
8. 简述引用误差和允许误差的关系。
9. 试叙述系统误差的消除方法。
10. 有效数字与准确度(或误差)有关吗?

11. 将下列数值中的有效数字保留到小数后 3 位:341.8320,724.1478,120.3248,825.1470,141.1312。

12. 假设测量数值分别为 3514.01847 和 8321.4210,已知测量误差为 0.05,试处理上述数字。

13. 若两个电阻串联,由其各自的准确度所决定的电阻的误差已知,试求串联后的相对误差和绝对误差。

第2章　电路实验仪表仪器

人类对客观事物的认识是一个从定性感知到定量研究的过程,所以测量是人们在生产斗争和科学实验中建立起来的概念。测量的过程就是将被测量与标准计量单位进行比较的过程。目前电磁测量体系已经确立,已经建立起了电流、电动势、电阻、电容、电感、磁强、磁矩等电磁计量基准。

电工测量仪表仪器按工作原理可分为:机电式直读仪表、电子式(含数字式)仪器仪表和比较式仪器。

按被测量的不同可分为:电流表(安培表、毫安表和微安表)、电压表(伏特表、毫伏表和微伏表)、功率表(瓦特表)、电度表、相位表(功率因数表)、频率计、欧姆表、兆欧表、磁通表以及具有多种功能的万用表等。

按被测电流的性质可分为直流表、交流表和交直流两用表。

电测量仪表仪器的种类很多,按所用测量原理的不同,以及结构、用途等方面的特性,通常分为指示仪表、比较仪表、数字仪表、记录仪表、扩大量程装置和变换器。

1. 指示仪表的分类及其组成

这类仪表的特点是把被测量转换为仪表可动部分的机械偏转角,然后通过指示器直接表示出被测量的大小。因此,指示仪表又称为电气机械式或直读式仪表。

电测量指示仪表的种类很多,分类的方法也很多,主要的分类方法有以下几种。

(1)根据指示仪表测量机构的结构和工作原理,分为磁电式仪表、电磁式仪表、电动式仪表、静电式仪表、感应式仪表和整流式仪表等。

(2)根据被测对象的名称,分为电流表、电压表、功率表、电能表、相位表、频率计、欧姆表、磁通表以及具有多种功能的万用表等。

(3)根据仪表所测的电量种类,分为直流仪表、交流仪表和交直流两用表。

(4)按使用方法分为柜式仪表和便携式仪表。柜式仪表通常固定安装在开关柜上的某一位置,一般误差较大,适用于工业测量和发电厂、变电所的运行监视等。便携式仪表是可以携带和移动的仪表,误差较小,价格较高,广泛用于电气试验、精密测量及仪表检测中。

(5)按准确度等级分类,如机电式直读仪表的准确度分为0.1、0.2、0.5、1.0、1.5、2.5、5.0等7个等级;数字式仪器仪表的准确度是按显示位数划分的;而电子仪器的准确度是按灵敏度来划分的。

此外,电测量指示仪表还可以按仪表对外电磁场的防御能力分为Ⅰ、Ⅱ、Ⅲ、Ⅳ 4级;按仪表的使用场合条件分为A、B、C 3组。

无论哪一类电测量指示仪表,它们的主要作用都是将被测电量转换成仪表的可动部分的偏转角位移。为了实现这一目的,通常它们都是由测量线路和测量机构两个基本部分组成,其结构框图如图2.0-1所示。

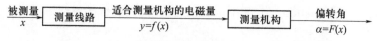

图 2.0 - 1　机电式直读仪表的基本结构

测量线路的作用是将被测量 x 转换成适合测量机构直接测量的电磁量 y ,该电磁量作用在仪表的测量机构(即表头)上,使其转变成仪表的偏转角位移 α 。测量机构是仪表的核心部分,它由固定和可动两大部分组成。固定部分通常包含磁路系统或固定线圈、标度盘以及轴承支架等;可动部分包含可动线圈或可动铁片、指示器以及阻尼器等。可动部分与转轴相连,通过轴尖被支撑在轴承里,或利用张丝、悬丝作为支撑部件。仪表在被测量的作用下,可动部分的相应偏转就反映了被测量的大小。

2. 比较仪表

比较仪表用于比较法测量,它包括直流比较仪表和交流比较仪表两种。属于直流比较仪表的有直流电桥、电位差计、标准电阻器和标准电池等;属于交流比较仪表的有交流电桥、标准电感器和标准电容器等。

3. 数字仪表

数字仪表是一种以逻辑控制实现自动测量,并以数码形式直接显示测量结果的仪表,如数字万用表、数字电流表等。数字仪表加上选测控制系统就构成了巡回检测装置,可以实现对多种对象的远距离测量。这类仪表在近年来得到了迅速的发展和应用。

4. 记录仪表

记录被测量对象随时间而变化情况的仪表,称为记录仪表。发电厂中常用的自动记录电压表和频率表以及自动记录功率表都属于这类仪表。

当被测量变化很快,来不及笔录时,常用示波器来观测。电工仪表中的电磁示波器和电子示波器不同,它是通过振动子在电量作用下的振动,经过特殊的光学系统来显示波形的。

5. 扩大量程装置和变换器

用以实现同一电量大小的变换,并能扩大仪表量程的装置,称为扩大量程装置,如分流器、附加电阻器、电流互感器、电压互感器等。用来实现不同电量之间的变换或将非电量转换为电量的装置,称为变换器。在各种非电量的电测量中,以及近年来发展的变换器式仪表中,变换器是必不可少的。

一般 x 小于 x_m ,故 x 越接近 x_m ,其测量准确度越高。例如,用满量限为 150V 的 0.5 级电压表测量 150V 时,测量误差(相对误差)为

$$r_1 = \pm \frac{150}{150} \times 0.5\% = \pm 0.5\%$$

用它测量 110V 时,测量误差为

$$r_1 = \pm \frac{150}{110} \times 0.5\% \approx \pm 0.7\%$$

用它测量 40V 时,测量误差为

$$r_1 = \pm \frac{150}{40} \times 0.5\% \approx \pm 1.9\%$$

该例验证了上述结论:为充分利用仪表测量的准确度,被测量的值应大于其测量仪表量程上限的2/3。

2.1 磁电式仪表

磁电式仪表测量的基本量是直流或交流的恒定分量。这种仪表具有测量准确度高、功率损耗小、表盘刻度均匀、过载能力和防御外部磁场能力强的特点。

一、磁电式仪表的结构和工作原理

磁电式仪表是由磁电式测量机构和分流或分压等测量变换器组成,其核心部分是测量机构(即表头)。这种机构动作是依据永久磁场对载流导体的作用力而工作的,其基本结构如图2.1-1所示。

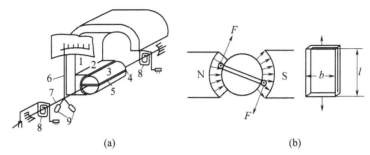

(a)   (b)

图 2.1-1   磁电式仪表的测量机构

磁电式仪表主要由永久磁铁1、极掌2、铁芯3、铝框4、可动线圈5、指针6、水平轴7、游丝8和平衡锤9等组成。铁芯是圆柱形的,它可在极掌与铁芯之间的气隙中产生一个均匀磁场。可动线圈绕在铝框上,其两端各连接一个半轴,半轴轴尖支撑在轴承里,可以自由转动,指针被固定在半轴上。可动线圈上装有两个游丝,用来产生反作用力矩,铝框的作用是用来产生阻尼力矩,这一力矩的方向总是与可动线圈转动的方向相反,能够阻止可动线圈来回摆动,使与其相连的指针迅速地静止在某一位置上,但这种阻尼力矩只有可动线圈转动才产生,线圈静止时它也随之消失了,所以它对测量结果并无影响。

当可动线圈中通入电流I时,可动线圈与磁场方向垂直的各边导线都会受到电磁力的作用,其一边受力的大小为

$$F = NBlI \qquad (2-1)$$

式中:N为可动线圈的匝数;B为空气气隙中磁场的磁感应强度;l为可动线圈与磁场方向垂直边的长度;I为流过可动线圈的电流。当可动线圈中有电流通过时,电流与气隙中磁场相互作用,产生了转动力矩M,其转矩大小为

$$M = 2F \frac{b}{2} = Fb = NBlIb \qquad (2-2)$$

式中:b为可动线圈的宽度,$lb = S$为可动线圈的面积。因为在永久磁铁的磁场中磁感应强度B和N是常数,所以,转动力矩M与可动线圈中流过的电流I成正比。对于仪表,由于N、B、l、b均已固定,故令$NBlb = K_1$,所以有

$$M = K_1 I \qquad (2-3)$$

在这个转动力矩作用下,可动线圈将绕轴按一定的方向旋转,同时迫使与可动线圈固定在一起的游丝发生旋紧或放松游丝,发生变形而产生阻止可动线圈转动的反作用矩 M_a。设 M 与 M_a 平衡时指针的偏转角为 α,则游丝产生的反作用力矩为

$$M_a = D\alpha \qquad (2-4)$$

式中:D 为游丝的弹性系数。当转动力矩 M 与作用力矩 M_a 大小相等时,由式(2-2)和式(2-4)可得偏转角为

$$\alpha = \frac{NBS}{D}I = S_1 I \qquad (2-5)$$

式中:S_1 为磁电式测量机构对电流的灵敏度,显然 S_1 是常数。

从式(2-5)可以看出仪表的可动线圈偏转角 α 与流经线圈的电流 I 成正比,因此,磁电式仪表的标尺刻度是均匀的。

二、磁电式仪表的特点及应用

磁电式仪表的特性有以下几点。

(1)因为表头结构中的固定部分是永久磁铁,磁性很强,故抗磁性干扰能力强,并且线圈中流过很小电流便可偏转,所以灵敏度高。此结构可制成高准确度(如 0.1 级)仪表。

(2)消耗功率小,应用时对被测电路的影响很小。

(3)刻度均匀。

(4)因游丝、可动线圈的导线很细,所以过载能力不强,容易损坏。

(5)只能测直流。

磁电式测量机构是直流系统中最广泛使用的一种表头。由于线圈、游丝等受载流容量的限制,多数表头是微安或毫安级的。为了测量较大的电流,可以在线圈两端并联分流电阻。若测量较高的电压时,也可串联分压电阻。磁电式表头不仅可以测量直流电流、电压,还可以测量电阻,加上整流元件后可以测量正弦交流电压及交流电流,也就是说,表头加上附件后可构成三用表。图2.1-2为用分流电阻来扩大电流量程的接线图;图2.1-3为构成多量程电流表的分流电阻的接线图,其中图2.1-3(a)为多量程开式分流器,图2.1-3(b)为多量程闭式分流器,两种分流电路各有其优缺点。图2.1-4为构成多量程电压表的分压电阻的接线图。其中:图2.1-4(a)为并联分压电阻;图2.1-4(b)为串联分压电阻。电阻表可作为磁电式表头应用于测电阻的另一典型实例。利用一个给定电动势的辅助电源和一个磁电式表头,根据欧姆定律就可构成测量电阻的电阻表。图2.1-5为电阻表的原理接线图。

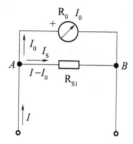

图 2.1-2　用分流电阻扩大电流量程的接线图

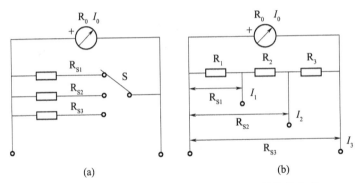

图 2.1-3　构成多量程电流表的分流电阻的接线方式

（a）开式分流器；（b）闭式分流器。

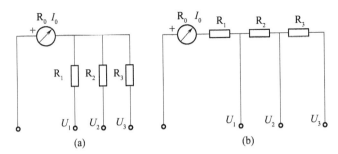

图 2.1-4　构成多量程电压表的分压电阻的接线图

（a）并接分压电阻；（b）串接分压电阻。

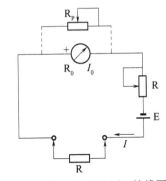

图 2.1-5　电阻表的原理接线图

2.2　电磁式仪表

　　电磁式仪表测量的基本量是直流或交流的有效值，一般用于测量 50Hz 的交流电，当频率变化时它的误差较大。这种仪表具有测量准确度较低、功率损耗和过载能力大、表盘刻度不均匀、防御外部磁场能力弱的特点。

一、电磁式仪表的结构与工作原理

　　电磁式仪表的测量机构利用的是一个或几个载流线圈的磁场对一个或几个铁磁元件作用，吸引型和推斥型两种结构形式的原理都是利用磁化后的铁片被吸引或推斥而产生转动力矩。推斥型电磁式仪表的结构如图 2.2-1 所示。它由固定线圈 1、线圈内壁的固定铁片 2、可动铁片 3、游丝 4、指针 5、阻尼片 6 以及平衡锤等构成。固定部分为一线圈，在线圈内壁有固定铁片。可动部分为固定在转轴上的可动铁片。当被测电流流入线圈时，线圈中形成磁场，使固定铁片和可动铁片同时磁化，且两铁片的同侧是同性的，因而相互排斥，产生了转动力矩 M。当固定线圈的电流方向改变时，两铁片的磁化方向也同时改变，两铁片之间仍然是相互排斥的。可见，测量机构的可动部分的转动方向与固定线圈中电流方向无关，因此，电磁式测量机构既可测交流，也可测直流。

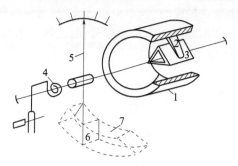

图 2.2 – 1　电磁式测量机构

电磁式测量机构的工作原理是基于载流线圈的电磁能量，当电流 i 流过线圈时，其磁场能量与电流的平方成正比；当铁片没有饱和时，两铁片之间排斥力的大小也和线圈内的磁场成正比。因此，可动部分产生的瞬时转动力矩 m 与线圈内的瞬时电流 i 的平方成正比，即

$$m = ki^2 \qquad (2-6)$$

由于转动部分有很大的转动惯性，其指针偏转来不及跟随瞬时转动力矩的变化，而是按转动力矩在一个周期内的平均值即平均转矩的大小转动，平均转矩为

$$M = \frac{1}{T}\int_0^T m\,\mathrm{d}t = \frac{1}{T}\int_0^T ki^2\,\mathrm{d}t = \frac{k}{T}\int_0^T i^2\,\mathrm{d}t = kI^2 \qquad (2-7)$$

式（2-7）表明平均转距 M 与电流 i 的有效值 I 的平方成正比。又由于电磁式测量机构的反作用力矩 M_a 是由游丝产生的，它与转动部分的偏转角 α 成正比，即

$$M_a = D\alpha \qquad (2-8)$$

式中：D 为游丝的弹性系数。当转动部分达到平衡，即 $M = M_a$ 时，指针停止转动时，则偏转角为

$$\alpha = \frac{k}{D}I^2 = K_aI^2 \qquad (2-9)$$

式中：K_a 为与仪表结构有关的系数。当 K_a 是常数时，偏转角 α 与电流 I^2 成正比，可见这种仪表的刻度将是很不均匀的。为了改善仪表的刻度特性，通常使 K_a 随 α 的增加而减少，从而使刻度尽量均匀。但是，这也只能使仪表刻度的后半段接近均匀。

二、电磁式仪表的特征及应用

电磁式仪表具有以下特征。

（1）偏转角 α 与被测电流的有效值平方成正比，因而仪表的刻度是不均匀的。

（2）电磁式仪表既可测交流，也可测直流，常作为交直流两用表。这种仪表结构简单，成本低，应用较广。

（3）被测电流直流直接通入线圈，不经游丝或弹簧，所以过载能力较强。

（4）电磁式仪表的灵敏度不高，因为固定线圈必须通过足够大的电流时，所产生的磁场才能使铁片偏转，仪表本身的功率损耗也较大。

（5）由于采用了铁磁元件，受元件的磁滞、涡流的影响，频率误差较大。

与直流电压表的构成相同，电磁式电压表在电磁式测量机构上串接附加电阻构成。电磁式测量机构可以直接制成电流表，将固定线圈直接串联在被测电路中，常用来测量交流电流。电磁式电流表多为双量程的，但不采用分流器，而是用两组规格和参数均相同的线圈（匝数分别为 N_1 和 N_2）串联或并联来改变量程，接线如图2.2-2所示。电流线圈可以用粗导线绕成，所以过载能力较强。

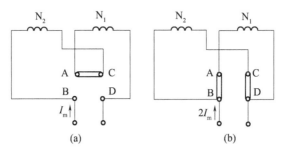

图2.2-2 电磁式电流表改变量程的接线图
(a) 两线圈串联；(b) 两线圈并联。

例如，双量程1A的电流表有4个接线柱，如图2.2-2所示。当连接片把A与C连接与一起时，如图2.2-2(a)所示，这时两线圈串联，此时流过表头的电流为1A；当连接片如图2.2-2(b)所示连接使两线圈并联时，流过表头的电流量程则扩大为2A。有的电流表量程不是靠连接片来改变，而是通过面板上的量程插销及插头位置改变线圈的串并联来实现的。

2.3 电动式仪表

电动式仪表测量的基本量是直流或交流的有效值，并可测交流、直流功率及交流相位、频率等，一般用于测量50Hz的交流电，也可测非正弦交流电的有效值。这种仪表具有测量准确度高、功率损耗大、电压电流表盘刻度不均匀、过载能力弱和防御外部磁场能力弱的特点。

一、电动式仪表的结构与工作原理

电动式仪表的测量机构是利用两个载流线圈间有电动力作用的原理制成的，其仪表的测量机构如图2.3-1(a)所示。电动式仪表主要由固定线圈1和可动线圈2组成。固定线圈由粗导线绕成，用于产生磁场；可动线圈由细导线绕成，在电动力的作用下，可在固定线圈内绕转轴自由转动。可动线圈、指针、游丝、阻尼片均固定在可以转动的轴上。

电动系机构既可以测量直流，又可以测量交流。

电动式仪表的工作原理如图2.3-1(b)所示。当直流电流 I_1 流过固定线圈，直流电流 I_2 流过可动线圈时，则电流 I_1 在固定线圈间将产生磁场，可动线圈中的电流 I_2 受到磁场的作用力，形成转动力矩 M，它与两个线圈中的电流乘积成正比，即

$$M = kI_1I_2 \qquad\qquad (2-10)$$

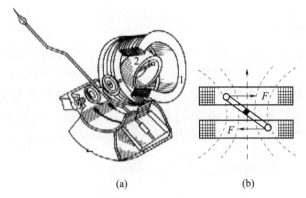

(a)   (b)

图 2.3 – 1　电动式仪表测量结构及作用原理

(a) 仪表的测量机构；(b) 仪表的作用原理。

1—固定线圈；2—可动线圈。

当转动力矩 M 与游丝的反作用力矩 M_a 大小相等时，可动部分就停止在平衡位置上，这时有

$$M = M_a = D\alpha \tag{2 – 11}$$

偏转角为

$$\alpha = \frac{k}{D}I_1I_2 \tag{2 – 12}$$

当直流电流反方向流动时，I_1、I_2 也同时反向，转动力矩 M 的方向不变。

当固定线圈中的电流为 i_1，可动线圈中的电流为 i_2，且两电流的瞬时表达式为

$$\begin{cases} i_1 = I_1\sqrt{2}\cos\omega t \\ i_2 = I_2\sqrt{2}\cos(\omega t + \varphi) \end{cases} \tag{2 – 13}$$

瞬时转矩

$$m = ki_1i_2 = 2kI_1I_2\cos\omega t\cos(\omega t + \varphi) \tag{2 – 14}$$

瞬时转矩是随时间而变化的。由于可动部分具有很大的转动惯量，其偏转跟不上瞬时转矩的变化，因此，按平均转矩转动，平均转矩为

$$M = \frac{1}{T}\int_0^T m\mathrm{d}t = \frac{1}{T}\int_0^T \left[2kI_1I_2\cos\omega t\cos(\omega t + \varphi)\right]\mathrm{d}t = kI_1I_2\cos\varphi \tag{2 – 15}$$

式中：I_1、I_2 分别为固定线圈与可动线圈中电流的有效值。在平均转矩 M 的作用下，可动部分的偏转使游丝扭紧，产生反作用力矩，形成反作用力矩 M_a。同样，M_a 与偏转角 α 成正比。当平均转矩 M 与反作用力矩 M_a 平衡时，指针停止转动，即

$$M = M_a = D\alpha$$

偏转角为

$$\alpha = \frac{k}{D}I_1I_2\cos\varphi \tag{2 – 16}$$

可见，电动式测量机构的偏转角 α 不仅与通过固定线圈和可动线圈中的电流有效值成正比，而且与两电流间相位差的余弦成正比。电动式仪表可制成交直流的电流表、电压表和功率表。电流表、电压表主要作为交流标准表(0.2 级以上)使用，而电动式功率表则

33

应用得极为普遍。

1. 电动式功率表

电动式功率表又称瓦特计,图 2.3-2 是电动式功率表测量负载功率时的接线。虚线框内表示瓦特计,其中,水平波折线表示固定线圈,垂直波折线表示可动线圈。显然,固定线圈与负载串联,负载电流全部通过固定线圈,所以又把它称为电流线圈。可动线圈与附加电阻 R 串联后与负载并联,共同承受整个负载电压,所以可动线圈又称为电压线圈。

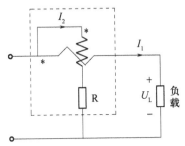

图 2.3-2　电动式功率表的测量接线

固定线圈中的电流 I_1 就是负载电流 I_L,可动线圈中的电流 I_2 是负载电压 U_L 在可动线圈与附加电阻 R 串联支路中产生的电流。设该支路的等效电阻为 R_2,则有

$$I_2 = U_L/R_2 \tag{2-17}$$

由式(2-12),偏转角 α 为

$$\alpha = \frac{k}{D}I_1I_2 = \frac{k}{DR_2}U_LI_L \tag{2-18}$$

即偏转角 α 与负载吸收的功率 $P_L = U_LI_L$ 成正比。

固定线圈中的电流有效值 I_1 就是负载电流有效值 I_L,可动线圈中的电流有效值 I_2 等于负载电压有效值 U_L 在可动线圈与附加电阻 R 串联支路中产生的电流的有效值。设该支路的等效阻抗为 Z_2,Z_2 包括可动线圈与附加电阻 R 串联支路中的等效电阻 R_2 和感抗 X_2 两部分。又 $|X_2|$ 与 R_2 相比实际是很小的,所以 $|Z_2| \approx R_2$,故有

$$I_2 = U_L/R_2 \tag{2-19}$$

即 i_2 与 u_L 同相位。i_2 和 i_1 之间的相位差就等于 u_L 与 i_L 之间的相位差。

由式(2-16)可知,偏转角为

$$\alpha = \frac{k}{D}I_1I_2\cos\varphi = \frac{k}{DR_2}U_LI_L\cos\varphi \tag{2-20}$$

即偏转角 α 与负载吸收的功率 $P_L = U_LI_L\cos\varphi$ 成正比。

2. 低功率因数功率表

普通功率表是按额定电压 U_N、额定电流 I_N 的量程和额定功率因数 $\cos\varphi_N = 1$ 的情况下设计刻度的。如果用普通功率表来测量低功率因数负载的交流功率时,只要 $\cos\varphi$ 很小,则即使负载的电压、电流都很大,相应的功率也很小,指针的偏转角也就很小,不便读数。因此,需要一种低功率因数功率表,低功率因数功率表的测量接线和使用与普通功率表相同,但是,它是在额定电压 U_N、额定电流 I_N 的量程和额定功率因数 $\cos\varphi_N$ 的情况下设计刻度的。

二、电动式仪表的特点和使用

交直流两用是电动式仪表的优点,同时由于没有铁芯,因而可以制成灵敏度和准确度均较高的仪器,它的准确度可达0.1级。电动式仪表的缺点是本身磁场弱,转矩小,易受外磁场影响,同时由于可动线圈和游丝截面都很小,过载能力较差。

功率表一般为多量程的,通常有两个电流量程、多个电压量程。两个电流量程分别用两个固定线圈串联或并联来实现,如果两个线圈串联时电流为0.5A,并联就是1A。两个固定线圈的4个端子,都安装在表的外壳上。改变电流线圈的量程就是选择两个固定线圈是串联还是并联连接。改变电压量程是通过在可动线圈上串联不同阻值的附加电阻来实现的,电压量程的公共端钮标有符号"*",使用功率表时应注意以下几点:

1. 选择合适的量程

功率表的量程是由电流量程和电压量程共同来决定的。如某一功率表的电流量程为0.5A、1A,电压量程为150V、300V、600V,若被测交流负载的电压有效值是220V,电流有效值为0.4A,则应选功率表的电压量程为300V,电流量程为0.5A,功率的量程等于电压量程与电流量程的乘积300V×0.5A=150W,即功率表指针满刻度偏转时读数为150W。在实际测量时,为保护功率表,一般要接入电压表和电流表,以监视电压和电流不超过功率表的电压和电流的量程。

2. 正确的接线

功率表的内部有两个独立线圈,一个是电流线圈,另一个是电压线圈。当功率表接入电路时,必须使固定线圈和可动线圈中的电流遵循一定的方向,才能使功率表的指针正方向偏转。为了使接线不发生错误,通常在电流线圈和电压线圈的一个端点上各标有特殊标记"*",称为同名端。

电流线圈是串联接入电路的,其"*"号端和电源端连接,非"*"号端要接到负载端。对于电压线圈,其"*"号端可以接到电流线圈的任一端,非"*"号端必须跨接到负载的另一端。

功率表电压线圈的同名端向前接到电流线圈的同名端,这种接线方法称为"前接法"。采用前接法时,电流线圈的电流与负载电流相等,电压线圈的电压包括电流线圈的电压和负载的电压,功率表的读数包含了电流线圈消耗的有功功率。

功率表电压线圈的同名端向后接到电流线圈的非同名端上,这种接线方法称为"后接法"。采用后接法时,电压线圈的电压与负载端电压相等,电流线圈中的电流包括电压线圈的电流和负载的电流,功率表的读数包括电压线圈损耗的有功功率。如图2.3-3所示。

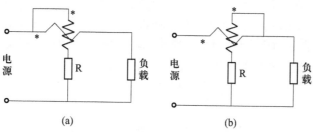

图 2.3-3 功率表的测量接线
(a) 前接法;(b) 后接法。

实际测量时究竟采用哪种接法,应该根据功率表参数和负载电阻的大小来选择。基本原则是:功率表本身损耗的功率要尽量小,以减小仪表消耗对测量结果的影响;此外,应尽量使功率表消耗的功率在测量结果中可以修正,即可以在功率表的读数中减去功率表消耗的功率。

如果被测负载的电流总是变化的,而负载两端的电压 U 不变,应该采用后接法。这时电压线圈引起的功率测量误差 ΔP_V 可以计算出来,设电压线圈支路的等效电阻为 R_V,有

$$\Delta P_V = U^2 / R_V \tag{2-21}$$

显然,ΔP_V 是个常量,从每次功率读数中减去固定数 ΔP_V 就是负载吸收的功率。反之,如果被测负载两端的电压总是变化的,而负载的电流 I 不变,应该采用前接法,此时电流线圈引起的功率测量误差 ΔP_A,用类似的方法也可以计算出来。如果电压、电流都在变化,哪种接法引起的误差小,就用哪种接法。

3. 正确的读数

功率表的刻度尺只标出分格数(如150个分格等)而不标出功率数值,这是因为在选用不同的电流量程和电压量程时,每分格表示的功率数值是不同的。每分格代表的功率数值称为功率表的分格常数。一般功率表都会附有表格说明,标明了功率表在不同电流、电压量程上的分格常数,供使用时查用。功率表所测量的功率数值等于指针所指的分格数(刻度)乘以仪表的分格常数 C_P,即:实际功率数值 = C_P × 指针刻度。普通功率表又称高功率因数功率表,因其 $\cos\varphi_N = 1$,功率表分格常数为

$$C_P = \frac{U_N I_N}{\alpha_m} (\text{W/ 格}) \tag{2-22}$$

式中:U_N 为功率表选用的电压量程;I_N 为功率表选用的电流量程;α_m 为仪表满偏格数。

功率表在正确接线时,如 φ 角大于90°时,功率表的指针会反偏转,这表示功率本身是负值,负载不是吸收功率而是发出功率。这时只要把电流线圈两个端子交换一下就可以了,但读数应记为负值。如果功率表面板上装有倒向开关,只要改变一下倒向开关,指针也会正向偏转,读数也要记为负值。

各种仪器仪表的详细介绍见附录。

2.4 虚 拟 仪 器

一、虚拟仪器的概念及特点

虚拟仪器(Virtual Instruments,VI)是计算机技术与电子仪器相结合而产生的一种新的仪器模式,它通常是由个人计算机、模块化的功能硬件和用于数据分析、过程通信及图形用户界面的应用软件有机结合构成,使计算机成为一个具有各种测量功能的数字化测量平台。它利用软件在屏幕上生成各种仪器面板,完成对数据的处理、表达、传送、存储、显示等功能。

虚拟仪器以计算机为测试平台,可代替传统的测量仪器,如示波器、逻辑分析仪、信号发生器、频谱分析仪器等,可集成于自动控制、工业控制系统中,也可构建成专有仪器系统。

虚拟仪器由计算机应用软件和仪器硬件组成,通过不同的软件就可以实现不同的测试仪器的功能,因此,软件系统是虚拟仪器的核心。

虚拟仪器中所有测试仪器的主要功能可由数据采集、数据测试和分析、结果输出显示三大部分完成。虚拟仪器和 EDA 仿真软件中的虚拟仪器概念完全不同。虚拟仪器可以完全取代传统台式测量测试仪器;EDA 仿真软件中的虚拟仪器是纯软件的、仿真的。

二、虚拟仪器与传统仪器相比较的优点

1. 虚拟仪器

(1)功能由用户自己定义。

(2)可方便地与网络外设连接,高质量编辑、存储、打印。

(3)直接读数,便于分析处理数据。

(4)技术更新速度快、周期短,大约 0.5 年 ~ 1 年。

(5)体积、质量小,便于携带,基于计算机可以构成多种仪器仪表,个人即可拥有整个实验室。

(6)开发维护费用低。

2. 传统仪器

(1)功能由生产厂家确定。

(2)显示图形的界面不够大,包含的信息不够不够丰富。

(3)系统封闭,功能固定,扩展性低。

(4)体积大,不方便携带。

(5)多在实验室中应用。

(6)维护成本高,技术更新周期长,一般 5 年 ~ 10 年。

(7)数据处理不方便。

三、虚拟仪器在电路实验教学中的应用

虚拟仪器通过软件将计算机硬件资源与仪器硬件有机地融为一体,从而把计算机强大的计算处理能力和仪器硬件的测量、控制能力结合在一起,大大缩小了仪器硬件的成本和体积,并通过软件实现对数据的显示、存储以及分析处理。

虚拟仪器的优势还在于可由用户定义自己的专用仪器系统,且功能灵活、容易构造,应用面极为广泛,尤其应用于教学、科研开发、测量、检测、计算、测控等领域。更是不可多得的好工具。

图 2.4 - 1 是用 LabVIEW 程序设计的虚拟示波器的前面板。

虚拟示波器前面板主要有 7 个内容:显示器、数据处理、数据采集配置、触发控制、AB 显示模式转换、时基控制、频谱分析控制。显示器用于显示输入的信号波形,由控制模板中 Waveform graph 波形显示器的设计方法;数据处理用于测量波形的各种参数,由数据输入控键、按钮实现;时基控制主要用于控制扫描率和扫描速度,由数据输入控键、按钮实现;频谱分析控制主要用于频谱分析与显示。

在电路教学实验中,同一台虚拟仪器系统可以虚拟出电压表、电流表、频率计、示波器、信号发生器、扫频仪等多种测量仪器。学生可以根据实验要求,自行设计各种软面板,定义仪器的功能,并以各种形式表达输出检测结果,进行实时分析。例如,虚拟仪器虚拟出的函数发生器,其波形、频率、幅值等都可用键盘或鼠标进行设置,完全能

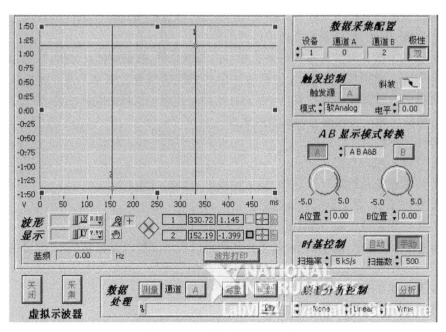

图 2.4 - 1　虚拟示波器前面板

代替常规的仪器使用。用它虚拟出的示波器,不仅具有常规示波器的功能,还可同时显示、记录、存储和打印多通道输入的波形,对存储的曲线可通过"回放"功能显示在屏幕上,"回放"速度可调,"回放"过程可暂停波形扫描,以便能更清楚地观察波形的变化,所存储的曲线可以在任何时间打印输出,学生可以及时进行数据处理,观察和分析实验结果。从而激发了学生的实验兴趣,提高了实验效果和效率,加深了他们对理论知识的掌握。

总之,虚拟电路实验具有传统电路实验无法比拟的优势。但也存在一些不足,例如,虚拟环境是一个理想化的环境,它没有考虑分布参数的影响及抗干扰问题。因此,虚拟实验还必须与实物实验、制作及调试相结合,通过优势互补,才能够达到更好的实验教学效果。

本 章 小 结

本章较为详细的介绍了各种仪表仪器的原理结构和使用方法,以及注意事项等。

磁电式仪表在电工测量仪表中占有极其重要的地位,应用十分广泛。它主要用来测量直流电压和电流。若附加上整流器,则可测量交流电压和电流;若采用特殊结构,还可以制成检流计,用来测量可达到 10^{-10} A 的极其微小电流。磁电式仪表具有灵敏度高、准确度高、刻度均匀、消耗功率小、应用广泛等优点。测量交流电流和电压最常用的是电磁式仪表,它的测量机构主要有吸引型和推斥型两种。电动式仪表准确度高,可以交、直流两用,用来测量功率、相位角、频率等,是应用广泛的一种仪表。

万用表是一种最常用的测量仪表,主要用于测量交、直流电压、电流和电阻值,有些万用表还可以测量电容及晶体管的直流电流放大倍数等。晶体管毫伏表是一种专门用来测量正弦交流电压有效值的交流电压表。函数信号发生器是一种宽带频率可调的多波形信号发生器,可以产生正弦波、方波、三角波、锯齿波、正负尖脉冲及宽度和重复周期可调的矩形波等波形。新型的函数信号发生器一般具有调频、调幅等调制功能和电压控制振荡器特性。函数信号发生器广泛应用于生产测试、仪器维修和实验室。示波器可分为模拟示波器和数字示波器,本书在附录里重点介绍了模拟示波器,并以 XJ4318 型示波器为例,对示波器的使用作了详细的介绍。

简单地介绍了虚拟仪器的概念,阐述了其在电路实验教学中的应用。

习　题

1. 可否用电磁式仪表测量高频电流和电压? 为什么?

2. 为什么磁电式仪表只能测量直流电,而电磁式和电动式仪表却可以测量直流电和交流电? 有什么办法可以用磁电式仪表来测量交流电?

3. 已知待测的线路电压为220V 左右,今有两个同级电压表,一个为0～300V,一个为0～500V,问应选用哪个表进行测量更合适些?

4. 使用功率表时,如何正确接线? 如何读取功率数值?

5. 电桥的平衡条件是什么?

6. 使用一只0.2级、量程为10V 的电压表,测得某一电压为5.0V。此时可能的误差为多少? 分别用绝对误差和相对误差表示。

7. 为测量稍低于100V 的电压,现实验室中有0.5级0～300V 和1.0级0～100V 两只电压表,若使测量准确度高一些,你打算选用哪一只电压表? 为什么?

8. 用量程为0～100mA、准确度为0.5级的电流表,分别测量100mA 和50mA 的两个电流。试求测量结果的最大相对误差各为多少?

9. 检测一只1.0级电流表,其量程为0～250mA,检测时发现在200mA 处误差最大,为 -3mA。该电流表的此量程是否合格?

10. 有一个量程为0～100V 的1.0级电压表,用此表分别测量10V 和80V 电压时,可能产生的最大相对误差和绝对误差是多少? 测量的结果将分别是多少?

11. 欲测90V 电压,用0.5级300V 量程和用1.0级100V 量程两种电压表测量,哪一个测量准确度更高一些?

12. 使用电压表、电流表时,各应注意哪些事项?

13. 万用表有哪几种类型? 万用表有哪些功能?

14. 用万用表测电阻时,应该注意些什么?

15. 如何正确选择电工仪表的量程? 如果选择不当,会给测量结果带来什么影响?

16. 晶体管毫伏表与电压表有什么区别? 它们所测频率有什么区别?

17. 晶体管毫伏表有哪些主要组成部分? 试叙述其工作原理。

18. 信号源有哪些种类? 按测量信号频率范围分,信号源有哪些类型?

19. 试叙述函数信号发生器的工作原理,函数信号发生器可以产生哪几种信号?

20. 被测波形在示波器屏幕上连续不断地向左移动或向右移动,是什么原因造成的?

如何才能使被测波形稳定显示?

21. 如何用示波器测两个同频率信号的相位差?

22. 使用示波器时,应注意哪些事项?

23. 在使用示波器时,首先要显示扫描线,此时相应的各个旋钮应放置在什么位置上? 为什么要避免扫描线"拉不开",在屏幕上出现一个亮点的情况?

24. 如何选取示波器的扫描周期? 要得到稳定的被测信号的波形,必须严格遵守什么关系?

第3章 电路实验

3.1 电位、电压的测定及电路电位图的绘制

实验预习要求

1. 仔细阅读教材,复习本实验相关理论,试着回答以下问题:

在图3.1-1中,若以F点为参考电位点,实验可测得各点的电位值;现令E点作为参考电位点,试问此时各点的电位值应有何变化?

2. 在校园网上做该虚拟实验,模拟实验结果。

一、实验目的

(1)用实验证明电路中电位的相对性、电压的绝对性。

(2)掌握电路电位图的绘制方法。

二、原理与说明

在一个确定的闭合电路中,各点电位的大小视所选的参考点的不同而不同,但任意两点间的电位差(即电压)则是绝对的,它不因参考点电位的变动而改变。据此性质,我们可用一只电压表来测量出电路中各点的电位及任意两点间的电压。

若以电路中的电位值作纵坐标,电路中各点位置(电阻)作横坐标,将测量到的各点电位在该坐标平面中标出,并把标出点按顺序用直线条相连接,就可得到电路的电位变化图。每一直线段即表示两点间电位的变化情况。

电路中的参考电位点可任意选定。对于不同的参考点,所绘出的电位图形是不同的,但其各点电位变化的规律却是一样的。在做电位图或实验测量时必须正确区分电位和电压的高低。在用电压表测量时,若仪表指针正向偏转,则说明电表正极的电位高于负极的电位。

三、实验设备

实验设备如表3.1-1所列。

表 3.1-1 实验设备

序号	名 称	型号与规格	数 量	备 注
1	直流可调稳压电源	0~30V	1	DG04
2	万用表		1	
3	直流数字电压表		1	D31
4	电位、电压测定实验电路板		1	DG05

四、实验内容与步骤

实验线路如图3.1-1所示。

（1）分别将两路直流稳压电源（E_1、E_2 为 0～+30V 可调电源）接入电路,令 $E_1 = 6V$,$E_2 = 12V$。

（2）以图 3.1 -1 中的 A 点作为电位的参考点,分别测量 B、C、D、E、F 各点的电位值 ϕ 及相邻两点之间的电压值 U_{AB}、U_{BC}、U_{CD}、U_{DE}、U_{EF} 及 U_{FA},数据记录列于表 3.1 - 2 中。

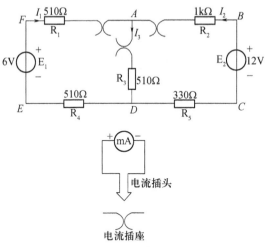

图 3.1 - 1 实验线路图

（3）以 D 点作为参考点,重复实验内容（1）的步骤,测得的数据列于表 3.1 - 2 中。

表 3.1 -2（a） 实验数据记录表（电位值）

电位参考点	ϕ	ϕ_A	ϕ_B	ϕ_C	ϕ_D	ϕ_E	ϕ_F
	计算值	—	—	—	—	—	—
A	测量值						
	相对误差	—	—	—	—	—	—
	计算值						
D	测量值						
	相对误差	—	—	—	—	—	—

表 3.1 -2（b） 实验数据记录表（电压值）

电位参考点	U	U_{AB}	U_{BC}	U_{CD}	U_{DE}	U_{EF}	U_{FA}
	计算值						
A	测量值						
	相对误差						
	计算值						
D	测量值						
	相对误差						
1. "计算值"一栏 $U_{AB} = \phi_A - \phi_B$,$U_{BC} = \phi_B - \phi_C$,依次类推;						
2. 相对误差 = $\dfrac{\text{测量值} - \text{计算值}}{\text{计算值}} \times 100(\%)$						

五、实验注意事项

（1）本次实验用的实验线路板系多个实验通用，本次实验中不使用电流插头和插座。

（2）测量电位时，用万用表的直流电压挡或用数字直流电压表测量时，用负表棒（黑色）接参考电位点，用正表棒（红色）接被测各点，若指针正向偏转或显示正值，则表明该点电位为正（即高于参考电位）；若指针反向偏转或显示负值，此时应调换万用表的表棒，然后读出数值，此时在电位值之前应加一负号（表明该点电位低于参考点电位）。

六、实验报告要求

（1）根据实验结果，绘制出两个电位图。

（2）完成数据表格中的计算，对误差作必要的分析。

（3）总结电位相对性和电压绝对性的原理。

（4）心得体会及其他。

3.2 基尔霍夫定律和叠加定理的验证

实验预习要求

1. 复习基尔霍夫定律和叠加原理基本理论，仔细阅读教材，并注意以下问题：

（1）根据图 3.2-1 的电路参数，计算出待测的电流 I_1、I_2、I_3 和各电阻上的电压值，记入表中，以便实验测量时，可正确地选定毫安表和电压表的量程。

（2）在叠加定理实验中，要令 U_1、U_2 分别单独作用，应如何操作？可否直接将不作用的电源（U_1 或 U_2）短接置零？

（3）实验电路中，若有一个电阻器改为二极管，试问叠加定理的叠加性与齐次性还成立吗？为什么？

2. 在校园网上做该虚拟实验，模拟实验结果。

一、实验目的

（1）验证基尔霍夫定律，加深对基尔霍夫定律的理解。

（2）验证叠加定理，理解线性电路的叠加性和齐次性。

（3）学会用电流插头、插座测量各支路电流的方法。

二、原理与说明

1. 基尔霍夫定律

基尔霍夫电流定律 KCL 和电压定律 KVL，是电路的基本定律。即对电路中的任一节点而言，应有 $\sum I = 0$，若流出节点的电流取正号，则流入节点的电流取负号；KVL 指出对任何一个闭合回路而言，应有 $\sum U = 0$，若电压的参考方向与绕行方向一致，则电压取正，反之，电压取负。

实验前，需设定电路中各支路电流的参考方向和各闭合回路的绕行方向。

2. 叠加定理

叠加定理：在有多个独立电源共同作用的线性电路中，通过任何一个元件的电流或其两端的电压，都可以看成是由每一个独立电源单独作用于电路时在该元件上所产生的电流或电压的代数和。叠加定理反映了线性电路的叠加性。

线性电路的齐次性是指当激励信号(独立电源)增加或减小 K 倍时,电路的响应(即在电路中各电阻元件上所产生的电流和电压值)也将增加或减小 K 倍。

三、实验设备

实验设备如表3.2 - 1 所列。

表 3.2 - 1　实验设备

序　号	名　称	型号与规格	数　量	备　注
1	直流稳压电源两路	0 ~ 30V 可调	1	DG04
2	直流数字电压表	0 ~ 200V	1	D31
3	直流数字毫安表	0 ~ 200mA	1	D31
4	万用表		1	
5	基尔霍夫定律/叠加定理实验电路板		1	DG05

四、实验内容与步骤

基尔霍夫定律/叠加定理实验电路如图3.2 - 1 所示。

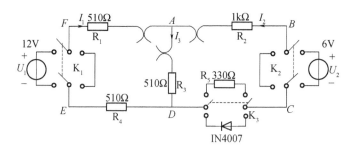

图 3.2 - 1　实验线路图

1. 基尔霍夫定律的验证

(1)实验前假定 3 条支路电流 I_1、I_2、I_3 及参考方向如图3.2 - 1 所示,3 个闭合回路的绕行方向分别设为 $ADEFA$、$BADCB$ 和 $FBCEF$。

(2)分别将两路直流稳压源(令 $U_1 = 12V$,$U_2 = 6V$)接入电路。

(3)将电流插头的两端接至直流数字毫安表的"+、-"两端。

(4)将电流插头分别插入 3 条支路的 3 个电流插座中,读出电流值,验证 KCL。数据记入表3.2 - 2。

(5)用直流数字电压表分别测量两路电源及电阻元件上的电压值,验证 KVL。数据记入表3.2 - 2。

表 3.2 - 2(a)　基氏定理实验数据记录表(电流值)

被测量值	I_1/mA	I_2/mA	I_3/mA
计算值			
测量值			
相对误差			

表 3.2 -2(b)　基氏定理实验数据记录表(电压值)

被测量值	U_{FA}/V	U_{AB}/V	U_{AD}/V	U_{CD}/V	U_{DE}/V	U_1/V	U_2/V
计算值							
测量值							
相对误差							

2. 叠加定理的验证

(1) 将两路稳压源的输出分别调节为 12V 和 6V,接入 U_1 和 U_2 处。

(2) 令 U_1 电源单独作用(将开关 K_1 投向 U_1 侧,开关 K_2 投向短路侧)。用直流数字毫安表和直流数字电压表(接电源插头)测量各支路电流及各电阻元件两端的电压,数据记入表 3.2 -3。

(3) 令 U_2 电源单独作用(将开关 K_2 投向 U_2 侧,开关 K_1 投向短路侧)。用直流数字毫安表和直流数字电压表(接电源插头)测量各支路电流及各电阻元件两端的电压,数据记入表 3.2 -3。

(4) 令 U_1 和 U_2 共同作用(开关 K_1 和 K_2 分别投向 U_1 和 U_2 侧),用直流数字毫安表和直流数字电压表(接电源插头)测量各支路电流及各电阻元件两端的电压,数据记入表 3.2 -3。

(5) 将 U_2 的数值调至 +12V,重复上述第(3)项的测量,数据记入表 3.2 -3。

(6) 将 R_5(330Ω)换成二极管 IN4007(即将开关 K_3 投向二极管 IN4007 侧),重复(1)～(5)的测量过程,数据记入表 3.2 -4。

表 3.2 -3(a)　叠加定理实验数据记录表(电流值)

测量项目 实验内容	I_1/mA	I_2/mA	I_3/mA
U_1 单独作用			
U_2 单独作用			
U_1、U_2 共同作用			
$2U_2$ 单独作用			

表 3.2 -3(b)　叠加定理实验数据记录表(电压值)

测量项目 实验内容	U_{AB}/V	U_{CD}/V	U_{AD}/V	U_{DE}/V	U_{FA}/V	U_1/V	U_2/V
U_1 单独作用							
U_2 单独作用							
U_1、U_2 共同作用							
$2U_2$ 单独作用							

表 3.2 −4(a) 叠加定理实验数据记录表(电流值)

测量项目 实验内容	I_1/mA	I_2/mA	I_3/mA
U_1 单独作用			
U_2 单独作用			
U_1、U_2 共同作用			
$2U_2$ 单独作用			

表 3.2 −4(b) 叠加定理实验数据记录表(电压值)

测量项目 实验内容	U_{AB}/V	U_{CD}/V	U_{AD}/V	U_{DE}/V	U_{FA}/V	U_1/V	U_2/V
U_1 单独作用							
U_2 单独作用							
U_1、U_2 共同作用							
$2U_2$ 单独作用							

五、实验注意事项

（1）所有需要测量的电压值均以电压表测量的读数为准。U_1、U_2 也需测量,不应取电源本身的显示值。

（2）防止稳压电源两个输出端短路。

（3）用指针式电压表或电流表测量电压或电流时,如果仪表指针反偏,则必须调换仪表极性,重新测量,此时指针正偏,可读得电压或电流值。若用数字电压表或电流表测量,则可直接读出电压或电流值。但应注意:所读得的电压或电流值的正、负号应根据设定的电流参考方向来判断。

（4）用电流表测量各支路电流,或用电压表测量电压降时,应注意仪表的极性,正确判断测得值的" + 、− "号后,记入数据表格。

（5）注意仪表量程的及时更换。

六、实验报告要求

（1）根据实验数据,选定节点 A,验证 KCL 的正确性。

（2）根据实验数据,选定实验电路中的任一个闭合回路,验证 KVL 的正确性。

（3）根据实验数据验证线性电路的叠加性与齐次性。

（4）各电阻所消耗的功率能否用叠加定理计算得出？试用上述实验数据,进行计算并作结论。

（5）误差原因分析。

3.3　电路元件伏安特性的测绘

实验预习要求

1. 仔细阅读教材,并注意以下问题:

（1）线性电阻与非线性电阻的概念是什么？电阻器与二极管的伏安特性有何区别？

（2）设某器件伏安特性曲线的函数式为 $I = f(U)$，试问在逐点绘制曲线时，其坐标变量应如何放置？

（3）稳压二极管与普通二极管有何区别，其用途如何？

2. 在校园网上做该虚拟实验，模拟实验结果。

一、实验目的

（1）学会识别常用电路元件的方法。

（2）掌握线性电阻、非线性电阻元件伏安特性的逐点测试法。

（3）掌握实验台上直流电工仪表和设备的使用方法。

二、原理与说明

一个二端电阻元件的特性可用该元件上的端电压 U 与通过该元件的电流 I 之间的函数关系 $I = f(U)$ 来表示，即用 $I - U$ 平面上的一条曲线来表征，这条曲线称为该元件的伏安特性曲线。

（1）线性电阻器的伏安特性曲线是一条通过坐标原点的直线，如图 3.3 - 1 中曲线 a 所示，该直线的斜率等于该电阻器的电阻值。

（2）一般的白炽灯丝工作时灯丝处于高温状态，其灯丝电阻随着温度的升高而增大，通过白炽灯的电流越大，其温度越高，阻值也越大，一般灯泡的"冷电阻"与"热电阻"的阻值可相差几倍至十几倍，所以它的伏安特性如图 3.3 - 1 中曲线 b 所示。

（3）一般的半导体二极管是一个非线性电阻元件，其特性曲线如图 3.3 - 1 中曲线 c 所示。正向压降很小（一般的锗管约为 0.2V ~ 0.3V，硅管约为 0.5V ~ 0.7V）；正向电流随正向压降的升高而急骤上升，而反向电压从零一直增加到 10 多伏至几十伏时，其反向电流增加很小，近似可视为零。可见，二极管具有单向导电性，若反向电压加得过高，超过管子的极限值，则会导致管子击穿损坏。

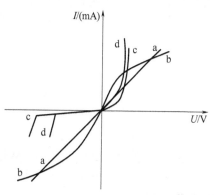

图 3.3 - 1　二端电阻元件的特性曲线

（4）稳压二极管是一种特殊的半导体二极管，其正向特性与普通二极管类似，但其反向特性较特别，如图 3.3 - 1 中 d 曲线所示。在反向电压开始增加时，其反向电流几乎为零，但当电压增加到某一数值时电流将突然增加，以后它的电压将维持恒定，不再随外加的反向电压升高而增大。

三、实验设备

实验设备如表 3.3 - 1 所列。

表 3.3 - 1　实验设备

序　号	名　称	型号与规格	数　量	备　注
1	可调直流稳压电源	0 ~ 30V	1	DG04
2	万用表	FM - 30 或其他	1	
3	直流数字毫安表		1	D31
4	直流数字电压表		1	D31
5	滑线变阻器		1	

(续)

序 号	名 称	型号与规格	数 量	备 注
6	二极管	2CP15	1	DG21
7	稳压管	2CW51	1	DG21
8	白炽灯	12V	1	DG21
9	线性电阻器	RJ-1W-1kΩ	1	DG21

四、实验内容与步骤

1. 测定线性电阻器的伏安特性

按图3.3-2接线,调节稳压电源的输出电压 U,从0开始缓慢地增加到10V,记下相应的电压表和电流表的读数填入表3.3-2中。

2. 测定非线性白炽灯泡的伏安特性

将图3.3-2中的 R_L 换成一只12V的汽车灯泡,重复1的步骤填入表3.3-3中。

表3.3-2 实验数据记录表

U/V	0	2	4	6	8	10
I/mA						

表3.3-3 实验数据记录表

U/V	0	2	4	6	8	10
I/mA						

3. 测定半导体二极管的伏安特性

按图3.3-3接线,R为限流电阻器,测二极管的正向特性时,其正向电流不得超过25mA,二极管D的正向压降可在0~0.75V之间取值,特别是在0.5~0.75V之间更应多取几个测量点。作反向特性实验时,只需将图3.3-3中的二极管D反接,且其反向电压可加到30V。正向特性实验数据和反向特性实验数据分别填入表3.3-4和表3.3-5中。

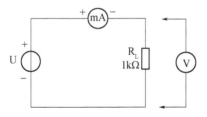

图3.3-2 测定电阻伏安特性线路图

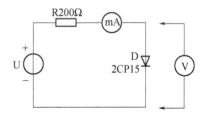

图3.3-3 测定二极管的伏安特性线路图

表3.3-4 实验数据记录表

U/V	0	0.2	0.4	0.5	0.55	0.75
I/mA						

表3.3-5 实验数据记录表

U/V	0	-5	-10	-15	-20	-25
I/mA						

4. 测定稳压二极管的伏安特性

只要将图3.3-3中的二极管换成稳压二极管,重复实验内容3的测量。测得正向特性实验数据和反向特性实验数据,分别填入表3.3-6、表3.3-7中。

表3.3-6 实验数据记录表

U/V				
I/mA				

表3.3-7 实验数据记录表

U/V				
I/mA				

五、实验注意事项

(1)测二极管正向特性时,稳压电源输出应由小至大逐渐增加,应时刻注意电流表读数不得超过 25mA,稳压源输出端切勿短路。

(2) 进行不同实验时,应先估算电压和电流值,合理选择仪表的量程,勿使仪表超量程,仪表的极性亦不可接错。

六、预习思考题

(1) 线性电阻与非线性电阻的概念是什么? 电阻器与二极管的伏安特性有何区别?

(2) 设某器件伏安特性曲线的函数式为 $I = f(u)$,试问在逐点绘制曲线时,其坐标变量应如何放置?

(3) 稳压二极管与普通二极管有何区别,其用途如何?

七、报告要求

(1) 根据各实验结果数据,分别在方格纸上绘制出光滑的伏安特性曲线(其中二极管和稳压管的正、反向特性均要求画在同一张图中,正、反向电压可取为不同的比例尺)。

(2) 根据实验结果,总结、归纳被测各元件的特性。

(3) 必要的误差分析。

(4) 心得体会及其他。

3.4　电压源与电流源的等效变换

实验预习要求

1. 复习电源等效变换的概念和基本规则,仔细阅读教材,并注意以下问题:

直流稳压电源的输出为什么不允许短路? 直流恒流源的输出端为什么不允许开路?

2. 在校园网上做该虚拟实验,模拟实验结果。

一、实验目的

(1) 掌握电源外特性的测试方法。

(2) 验证电压源与电流源等效变换的条件。

二、原理与说明

(1) 一个直流稳压电源在一定的电流范围内,具有很小的内阻,故在实用中,常将它视为一个理想的电压源,即其输出电压不随负载电流而变,其外特性,即其伏安特性 $U = f(I)$ 是一条平行于 I 轴的直线。一个恒流源在实用中,在一定的电压范围内,可视为一个理想的电流源。

(2) 一个实际的电压源(或电流源),其端电压(或输出电流)随负载而变,因它具有一定的内阻值。故在实验中,用一个小阻值的电阻(或大电阻)与稳压源(或恒流源)相串联(或并联)来模拟一个电压源(或电流源)的情况。

(3) 一个实际的电源,就其外部特性而言,即可以看成是一个电压源,又可以看成是一个电流源。若视为电压源,则可用一个理想的电压源 E_s 与一个电阻 R_0 相串联的组合来表示;若视为电流源,则可用一个理想电流源 I_s 与一电导 g_0 相并联的结合来表示,若它们向同样大小的负载供出同样大小的电流和端电压,则称这两个电源是等效的,即具有相同的外特性。一个电压源与一个电流源等效变换的条件为

$$I_S = E_S/R_0, g_0 = \frac{1}{R_0} \text{ 或 } E_S = \frac{I_S}{g_0}, R_0 = \frac{1}{g_0}$$

如图 3.4 – 1 所示。

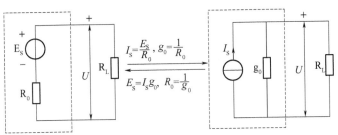

图 3.4 – 1　电压源与电流源的等效变换示意图

三、实验设备

实验设备如表 3.4 – 1 所列。

表 3.4 – 1　实验设备

序　号	名　　称	型号与规格	数　　量	备　　注
1	可调直流稳压电源		1	DG04
2	可调直流恒流源		1	DG04
3	直流数字电压表		1	D31
4	直流数字毫安表		1	D31
5	万用表		1	
6	电阻器	$51\Omega, 200\Omega$		DG21
7	可调电阻器	$2W, 470\Omega$	1	DG21
8	可调电阻箱	$0 \sim 99999.9\Omega$	1	DG21

四、实验内容与步骤

1. 测定直流稳压电源(理想电压源)与实际电压源的外特性

(1)按图 3.4 – 2 接线,E_S 为 +6V 直流稳压电源,调节 R_2,令其阻值由大至小变化,记录两表的读数于表 3.4 – 2 中。

(2)在图 3.4 – 2 中将直流稳压电源改为实际电压源,按图 3.4 – 3 接线,虚线框可模拟为一个实际的电压源,调节电位器 R_2,令其阻值由大至小变化,读取两表的数据并记录于表 3.4 – 3 中。

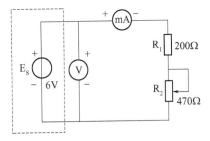

图 3.4 – 2　测定直流稳压电源外特性线路图

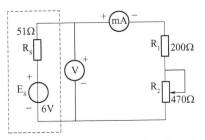

图 3.4 – 3　测定实际电压源外特性线路图

表 3.4 - 2	实验数据记录表				
U/V					
I/mA					

表 3.4 - 3	实验数据记录表				
U/V					
I/mA					

2. 测定电流源的外特性

按图 3.4 - 4 接线,I_S 为直流恒流源,调节其输出为 5mA,令 R_S 分别为 1kΩ 和 ∞,(R_2 为可调电阻箱)调节 R_2(从 0 至 470Ω),测出这两种情况下的电压表和电流表的读数。自拟数据表格,记录实验数据分别于表 3.4 - 4(R_S = 1kΩ 时实际电流源的外特性)、表 3.4 - 5(R_S = ∞ 时实际电流源的外特性)中。

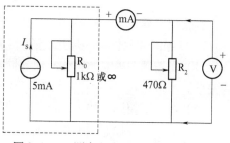

图 3.4 - 4　测定电流源的外特性线路图

表 3.4 - 4	实验数据记录表				
U/V					
I/mA					

表 3.4 - 5	实验数据记录表				
U/V					
I/mA					

3. 测定电源等效变换的条件

按图 3.4 - 5 电路接线,其中图 3.4 - 5(a)、(b)中的内阻 R_S 均为 51Ω,负载电阻 R 均为 200Ω。

在图 3.4 - 5(a)电路中,E_S 输出 +6V 直流电压,此时记录电流表、电压表的读数。然后调节图 3.4 - 5(b)电路中的恒流源 I_S,令两表读数与图 3.4 - 5(a)的数值相等。记录 I_S 的值,验证等效变换条件的正确性。

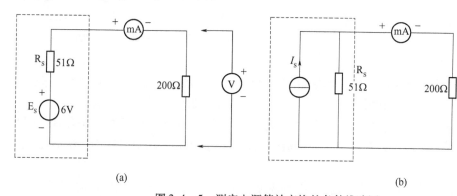

(a)　　　　　　　　　　　　　　　　　　(b)

图 3.4 - 5　测定电源等效变换的条件线路图

五、实验注意事项

(1)在测电压源外特性时,不要忘记测空载时的电压值,测电流源外特性时,不要忘记测短路时的电流值,注意恒流源负载电压不可超过 20V,负载更不可开路。

(2)换接线路时,必须关闭电源开关。

(3)直流仪表接入时应注意极性与量程。

六、实验报告要求

(1)根据实验数据绘出电源的 4 条外特性,并总结、归纳各类电源的特性。

(2)由实验结果验证电源等效变换的条件。

（3）心得体会及其他。

3.5 受控源的研究（综合实验）

实验预习要求

1. 仔细阅读教材，复习与受控源相关的内容，并注意以下问题：

（1）受控源和独立源相比有何异同点？比较四种受控源电路模型、控制量与被控量的关系。

（2）四种受控源中的 r、g、a 和 μ 的意义是什么？如何测得？

（3）若受控源控制量的极性反向，试问其输出极性是否发生变化？

（4）受控源的控制特性是否适合于交流信号？

（5）如何由两个基本的 CCVS 和 VCCS 获得其他两个 CCCS 和 VCVS，它们的输入输出如何连接？

2. 在校园网上做该虚拟实验，模拟实验结果。

一、实验目的

通过测试受控源的外特性及其转移参数，进一步理解受控源的物理概念，加深对受控源的认识和理解。

二、原理与说明

（1）电源有独立电源（如电池、发电机等）与非独立电源（或称为受控源）之分。受控源与独立源的不同点是：独立源的电势 E_S 或电流 I_S 是某一固定的数值或是某一时间的函数，它不随电路其余部分的状态而变，而受控源的电势或电流则是随电路中另一支路的电压或电流而变的一种电源。受控源又与无源元件不同，无源元件两端的电压和它自身的电流有一定的函数关系，而受控源的输出电压或电流则和另一支路（或元件）的电流或电压有某种函数关系。

（2）独立源与无源元件是二端器件，受控源则是四端器件，或称为双口元件，它有一对输入端（U_1、I_1）和一对输出端（U_2、I_2）。输入端用以控制输出端电压或电流的大小，施加于输入端控制量可以是电压或电流，因而有两种受控电压源（即电压控制电压源 VCVS 和电流控制电压源 CCVS）和两种受控电流源（即电压控制电流源 VCCS 和电流控制电流源 CCCS）。

（3）当受控源的电压（或电流）与控制支路的电压（或电流）成正比变化时，则该受控源是线性的。理想受控源的控制支路中只有一个独立变量（电压或电流），另一个独立变量等于零，即从输入口看，理想受控源或者是短路（即输入电阻 $R_1 = 0$，因而 $U_1 = 0$）或者是开路（即输入电导 $G_1 = 0$，因而输入电流 $I_1 = 0$）；从输出口看，理想受控源或是一个理想电压源或者是一个理想电流源，如图 3.5-1 所示。

（4）受控源的控制端口与受控端口的关系式称为转移函数。4 种受控源的定义及其转移函数参量的定义如下：① 压控电压源（VCVS），$U_2 = f(U_1)$，$\mu = \dfrac{U_2}{U_1}$ 称为转移电压比（或电压增益）。② 压控电流源（VCCS），$I_2 = f(U_1)$，$g = \dfrac{I_2}{U_1}$ 称为转移电导。③ 流控电压

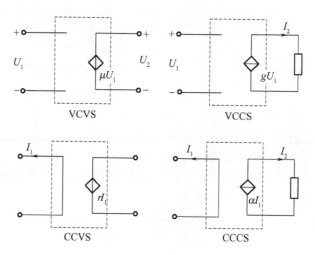

图 3.5-1 4 种形式的受控源

源（CCVS）, $U_2 = f(I_1)$, $r = \dfrac{U_2}{I_1}$ 称为转移电阻。④ 流控电流源（CCCS）, $I_2 = f(I_1)$, $\alpha = \dfrac{I_2}{I_1}$ 称为转移电流比（或电流增益）。

三、参考实验设备

实验设备如表 3.5-1 所列。

表 3.5-1 实验设备

序号	名　称	型号与规格	数　量	备　注
1	可调直流稳压源		1	DG04
2	可调恒流源		1	DG04
3	直流数字电压表		1	D31
4	直流数字毫安表		1	D31
5	可变电阻箱		1	DG21
6	受控源实验电路板		1	DG06

四、实验方法

1. 测量受控源 VCVS 的转移特性及负载特性

测量受控源 VCVS 的转移特性 $U_2 = f(U_1)$ 及负载特性 $U_2 = f(I_L)$ 实验的线路如图 3.5-2 所示。

（1）固定 $R_L = 2k\Omega$，调节稳压电源输出电压 U_1，测量相应的 U_2 值，填入表 3.5-2 中。在方格纸上绘出电压转移特性曲线 $U_2 = f(U_1)$，并在其线性部分求出转移电压比 μ。

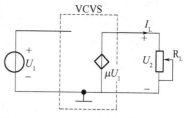

图 3.5-2 测量 VCVS 的转移特性及负载特性的实验线路图

表 3.5-2 实验数据记录表

U_1/V	0	1	2	3	4	5	6	7	8
U_2/V									

（2）保持 $U_1 = 2\text{V}$，调节可变电阻箱 R_L 的阻值，测 U_2 及 I_L 的值，填入表 3.5 - 3 中，并绘制其负载特性曲线 $U_2 = f(I_L)$。

表 3.5 - 3　实验数据记录表

R_L/Ω	50	70	100	200	300	400	500	∞
U_2/V								
I_L/mA								

2. 测量受控源 VCCS 的转移特性及负载特性

测量受控源 VCCS 的转移特性 $I_L = f(U_1)$ 及负载特性 $I_L = f(U_2)$，实验线路如图 3.5 - 3 所示。

（1）固定 $R_L = 2\text{k}\Omega$，调节稳压电源的输出电压 U_1，测出相应的 I_L 值，填入表 3.5 - 4 中，并绘制转移特性曲线 $I_L = f(U_1)$，并由其线性部分求出转移电导 g_m。

（2）保持 $U_1 = 2\text{V}$，令 R_L 从大到小变化，测出相应的 I_L 及 U_2，填入表 3.5 - 5 中，并绘制负载特性曲线 $I_L = f(U_2)$。

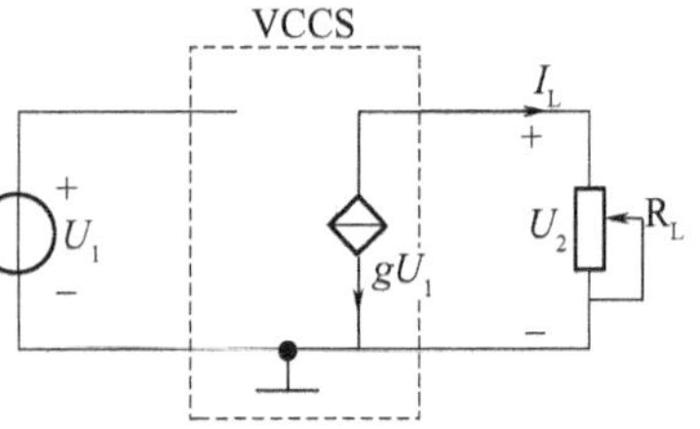

图 3.5 - 3　测量 VCCS 的转移特性及负载特性的实验线路图

表 3.5 - 4　实验数据记录表

U_1/V	0	0.5	1.0	1.5	2	2.5	3	3.5
I_L/mA								

表 3.5 - 5　实验数据记录表

$R_L/\text{k}\Omega$	50	20	10	8	4	2	1
I_L/mA							
V_2/V							

3. 测量受控源 CCVS 的转移特性及负载特性

测量受控源 CCVS 的转移特性 $U_2 = f(I_1)$ 与负载特性 $U_2 = f(I_L)$，实验线路如图 3.5 - 4 所示。

（1）固定 $R_L = 2\text{k}\Omega$，调节恒流源的输出电流 I_S，使其在 $0.05\text{mA} \sim 0.7\text{mA}$ 范围内取 8 个数值，测出 U_2，测定的数据填入表 3.5 - 6 中，并绘制转移特性曲线 $U_2 = f(I_1)$，并由线性部分求出转移电阻 r。

（2）保持 $I_S = 2\text{mA}$，令 R_L 从 $1\text{k}\Omega$ 增至 $8\text{k}\Omega$，测出 U_2 及 I_L 填入表 3.5 - 7 中，并绘制负载特性曲线 $U_2 = f(I_L)$。

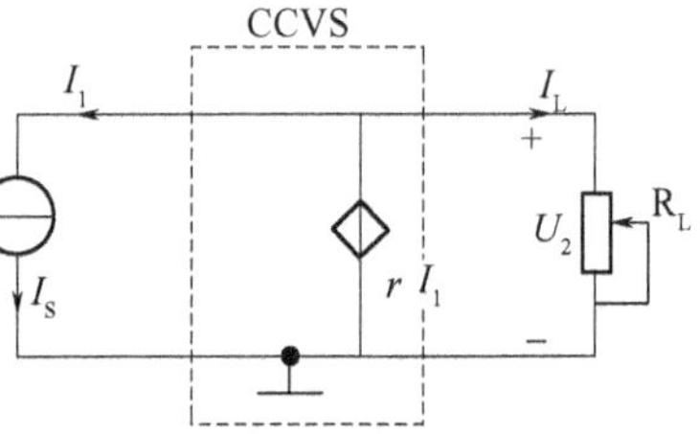

图 3.5 - 4　测量 CCVS 的转移特性及负载特性的实验线路图

表 3.5 - 6　实验数据记录表

I_1/mA								
U_2/V								

表 3.5 - 7　实验数据记录表

R_L/Ω	1	2	3	4	5	6	7	8
U_2/V								
I_L/mA								

4. 测量受控源 CCCS 的转移特性及负载特性

测量受控源 CCCS 的转移特性 $I_L = f(I_1)$ 及负载特性 $I_L = f(U_2)$。实验线路如图 3.5 - 5 所示。

（1）固定 $R_L = 2\text{k}\Omega$，调节恒流源的输出电流 I_S，使其在 $0.05\text{mA} \sim 0.7\text{mA}$ 范围内取 8 个数值测出 I_L，将数据填入表 3.5 - 8，并绘制转移特性曲线 $I_L = f(I_1)$，并由其线性部分求出转移电流比 α。

（2）保持 $I_S = 0.5\text{mA}$，令 R_L 从 $0, 100\Omega, 200\Omega$ 增至 $80\text{k}\Omega$，测出 I_L，将测得数据填入表 3.5 - 9 中，并绘制负载特性曲线 $I_L = f(U_2)$。

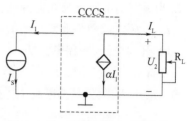

图 3.5 - 5　测量 CCCS 的转移特性及负载特性的实验线路图

表 3.5 - 8　实验数据记录表

I_1/mA								
I_L/mA								

表 3.5 - 9　实验数据记录表

R_L/Ω						
I_L/mA						
U_2/V						

五、实验注意事项

（1）每次连接线路时，必须事先断开供电电源，但不必关闭电源总开关。

（2）用恒流源供电的实验中，不要使恒流源的负载开路。

六、实验报告要求

（1）根据实验数据，在方格纸上分别绘出 4 种受控源的转移特性和负载特性曲线，并求出相应的转移参量。

（2）回答预习思考题。

（3）对实验的结果作出合理地分析和结论，总结对 4 种受控源的认识和理解。

（4）心得体会及其他。

3.6　戴维南定理的研究（综合实验）

实验预习要求

1. 仔细阅读教材，复习与受控源相关的内容，并注意以下问题：

（1）如果网络中含有受控源，戴维南或者诺顿定理是否仍然成立？

（2）如何理解网络中所有的独立源置零？实验中又怎么置零？

（3）如果有源一端口网络不允许短路或者开路，如何用其他的办法测量 R_0？

2. 在校园网上做该虚拟实验，模拟实验结果。

3. 试列出实验设备，写出实验步骤。

一、实验目的

1. 掌握实验电路的设计思想和方法，正确的选择实验设备。

2. 掌握测量有源二端网络等效参数的一般测定方法。

3. 培养自行设计电路的能力。

二、原理与说明

1. 戴维南定理

戴维南定理：任何一个线性有源二端网络，总可以用一个电压源 E 和一个电阻 R_0 串联组成的实际电压源来代替，其中：电压源 E 等于这个有源二端网络的开路电压 U_{OC}，内

阻 R_0 为该网络中所有独立电源均置零(电压源短接,电流源开路)后的等效电阻。

2. 有源二端网络等效参数的测量方法

1)开路电压、短路电流法

在有源二端网络输出端开路时,用电压表直接测其输出端的开路电压 U_{OC},然后再将其输出端短路,测其短路电流 I_{SC},且内阻为:

$$R_0 = \frac{U_{OC}}{I_{SC}}。$$

若有源二端网络的内阻值很低时,则不宜测其短路电流。

2)伏安法

一种方法是用电压表、电流表测出有源二端网络的外特性曲线,开路电压为 U_{OC},根据外特性曲线求出斜率 $\text{tg}\phi$,则内阻为:

$$R_0 = \text{tg}\phi = \frac{\Delta U}{\Delta I}。$$

另一种方法是测量有源二端网络的开路电压 U_{OC},以及额定电流 I_N 和对应的输出端额定电压 U_N,则内阻为:$R_0 = \dfrac{U_{OC} - U_N}{I_N}$。

3)半电压法

将有源二端网络接可变电阻 R_L,形成回路,当可变电阻两端电压为被测二端网络开路电压 U_{OC} 一半时,负载电阻 R_L 的大小(由电阻箱的读数确定)即为被测有源二端网络的等效内阻数值。

三、参考实验设备

序号	名称	型号与规格	数量	备注
1	可调直流稳压电源		1	DG04
2	可调直流恒流源		1	DG04
3	直流数字电压表		1	D31
4	直流数字毫安表		1	D31
5	万用表		1	
6	实验电路板			DG05
7	可调电阻箱	$0 \sim 99999.9\Omega$	1	DG21

四、实验方法

被测有源二端网络如图 3.6 - 1 所示。

(1)测开路电压 U_{OC}:

图 3.6 - 1 线路接入恒压源 $U_S = 12V$ 和恒流源 $I_S = 10mA$ 及可变电阻 R_L。在图 3.6 - 1 中,断开负载 R_L,用电压表测量开路电压 U_{OC},将数据记入表 3.6 - 1 中。

(2)测短路电流 I_{SC}:

在图 3.6 - 1 电路中,将负载 R_L 短路,用电流表测量短路电流 I_{SC},用开路短路法求出等效电阻。将数据记入表 3.6 - 1 中。

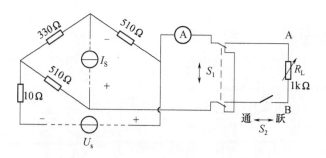

图 3.6 – 1

表 3.6 – 1 等效参数记录表

Uoc(V)	Isc(mA)	$R_0 = Uoc/Isc$

（3）测量有源二端网络的外特性。

在图 3.6 – 1 电路中,改变负载电阻 R_L 的阻值,逐点测量对应的电压、电流,将数据记入表 3.6 – 2 中。

表 3.6 – 2 原电路 AB 端外特性数据

U(V)									
I(mA)									

（4）验证戴维南定理

测量有源二端网络等效电压源的外特性:按照图 3.6 – 3 电路连接戴维南等效电路。

图 3.6 – 2

用电阻箱改变负载电阻 R_L 的阻值,逐点测量对应的电压、电流,将数据记入表 3.6 – 3 中。

表 3.6 – 3 有源二端网络等效电路的外特性数据

U(V)									
I(mA)									

（5）测定有源二端网络等效电阻(又称入端电阻)的其他方法:将被测有源网络内的所有独立源置零,然后用开路短路法或者直接用万用表的欧姆档去测定负载开路后 A,B 两点间的电阻,此即为被测网络的等效内阻 R_0。

（6）画出等效前和等效后电路的伏安特性曲线,并加以比较,从而验证戴维南定理的正确性。

五、实验注意事项

（1）测量时，注意电流表量程的更换。

（2）改接线路时，要关掉电源。

（3）注意不能将电压源直接短路。

六、实验报告要求

（1）根据数据，计算有源二端网络的等效参数 U_{oc} 和 R_0。

（2）根据数据，绘出有源二端网络和有源二端网络等效电路的外特性曲线，验证戴维南定理的正确性。

（3）回答实验预习要求中的所有问题。

（4）实验心得体会及其他。

3.7 三表法测量交流阻抗参数

实验预习要求

1. 仔细阅读教材，复习相关知识。

2. 在校园网上做该虚拟实验，模拟实验结果。

一、实验目的

（1）掌握用电流表、电压表和功率表测量交流阻抗参数的方法。

（2）掌握 3 种表的内阻对测量误差的影响及修正误差的方法。

二、原理与说明

1. 交流阻抗测量方法

交流电路中，元件的阻抗值不能像直流电路那样仅用电流表或电压表就可确定，还要借助于功率表或功率因数表。

当由电压表、电流表和功率表测出电压 U、电流 I 和功率 P 后，则可按下列关系计算出交流参数。

阻抗的模　　　　　　　　$|Z| = \dfrac{U}{I}$

功率因数　　　　　　　　$\cos\varphi = \dfrac{P}{IU}$

等效电阻　　　　　　　　$R = |Z|\cos\varphi$

等效电抗　　　　　　　　$X = |Z|\sin\varphi$

这种以电压表、电流表和功率表测量交流阻抗的方法简称为三表法。接线如图 3.7－1 所示。

2. 确定阻抗性质

根据上面的数据还不能确定阻抗的性质，一般可用下列方法确定阻抗的性质。

（1）在被测网络的两端并联一只适当容量的试验电容，若电流表的读数增大，则被测

网络为容性;若电流表读数减小,则被测网络为感性。试验电容 C' 的大小为

$$B' < |2B|$$

式中:B' 为实验电容的容纳,B 为被测网络的等效电纳。

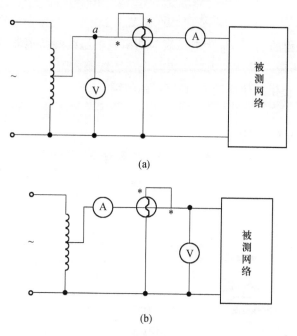

图 3.7 – 1 三表法测量交流阻抗线路图

（2）利用示波器测量网络阻抗的电压和电流之间的相位关系,判定阻抗的性质。

（3）电路中接入功率因数表,从表上直接读出被测阻抗的 $\cos\varphi$ 值,读数超前为容性,读数滞后为感性。

本实验采用第一种方法。由于实验中提供的是可变电容箱,所以只要直接增加和减小电容观察电流的变化,即可确定被测阻抗的性质。

3. 误差的修正

与直流电路测电阻参数一样,交流阻抗参数的三表法测量也有如图 3.7 – 1(b)所示的基本接法。图 3.7 – 1(a)为电压表前接法,图 3.7 – 1(b)为电压表后接法。

由测量线路图可见,除了仪表的基本误差引起测量误差以外,电表的内阻引起的方法误差也将引起测量误差,下面分析如何修正这一方法误差。

对于图 3.7 – 1(a)所示的电压表前接线路,修正后的参数为

$$R' = R - R_1 = \frac{P}{I^2} - R_1$$

$$X' = X - X_1 = \sqrt{(\frac{U}{I})^2 - (\frac{P}{I^2})^2} - X_1$$

式中:R、X 为修正前根据计算得出的电阻值和电抗值,R_1、X_1 为电流表线圈及功率表电流线圈的总电阻值和总电抗值。

对于图 3.7 – 1(b)所示的电压表后接电路,修正后的参数为

$$R' = \frac{U^2}{P'} = \frac{U^2}{P - P_{\mathrm{U}}} = \frac{U^2}{P - \dfrac{U^2}{\dfrac{R_{\mathrm{U}} \cdot R_{\mathrm{WU}}}{R_{\mathrm{U}} + R_{\mathrm{WU}}}}}$$

$$X' \approx X$$

式中:P 为功率表测得的功率,P_{U} 为电压表与功率表电压线圈所消耗的功率,P' 为修正后的功率值,R_{U} 为电压表内阻,R_{WU} 为功率表与电压表线圈内阻。

注意:本实验所提供的仪器设备,必须正确使用。

三、实验设备

实验设备如表 3.7 - 1 所列。

表 3.7 - 1　实验设备

序　号	名　称	型号与规格	数　量	备　注
1	交流电压表		1	D33
2	交流电流表		1	D32
3	功率表		1	D34
4	自耦调压器		1	DG01
5	电感线圈	40W 日光灯配用	1	DG21
6	电容器	4μF/450V	1	DG21
7	白炽灯	25W/220V	3	DG08

四、实验内容与步骤

(1) 按图 3.7 - 1(a)接线,并经指导老师检查后,方可接通电源。

(2) 分别测量 15W 白炽灯(R)、40W 日光灯镇流器(L)和 4μF 电容器(C)的等效参数。

(3) 测量 L、C 串联与并联后的等效参数。

(4) 用图 3.7 - 1(a)电压表前接线路。被测阻抗接入如图 3.7 - 2 所示的网络。电流表量程接 3A 挡,电压表量程接 150V 挡,缓慢升高电压至 110V,读取三表指示值填入自制表格中,并采用在被测网络两端并联电容的方法,确定阻抗性质。

五、实验注意事项

(1) 本实验是交流电源供电,实验中要注意人身安全。

(2) 自耦调压器接通电源前,应先归零位,调节时,使其输出电压从零开始逐渐升高。每次改接线路或实验完毕,都必须将其旋柄慢慢调回零位,再断电源。

(3) 缓慢升高调压器电压的同时,要观察各表的指针偏转情况,不允许超过量程。

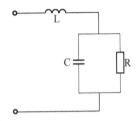

图 3.7 - 2　被测阻抗为
RC 并联再与 L 串联网络

六、实验报告要求

(1) 计算各被测阻抗的参数值。

（2）分析误差。

（3）心得体会及其他。

3.8 功率因数的提高与测量（综合实验）

实验预习要求

1. 复习功率因数提高部分基本理论，并注意以下问题：

（1）了解日光灯工作原理；

（2）在日常生活中，当日光灯上缺少启辉器时，人们应急时可用一根短导线将启辉器的两点短接，当启辉之后，迅速拿开短导线，这时日光灯工作；或用一只启辉器同时去点亮多个同类型的灯，这都是为什么？

（3）为什么电感性的负载功率因数较低？负载较低的功率因数对供电系统有何影响？

（4）为了提高电路的功率因数，常在感性负载上并联电容器，此时增加了一条电流支路，试问电路的总电流是增大还是减小了？此时感性负载上的电流和功率是否改变？

（5）提高线路功率因数为什么只采用并联电容器法，而不用串联法？

（6）什么是欠补偿、完全补偿和过补偿？

2. 在校园网上做该虚拟实验，模拟实验结果。

3. 试列出仪器清单，写出基本实验步骤，画出实验电路图。

一、实验目的

（1）理解提高功率因数的意义并掌握其方法。

（2）掌握日光灯电路的连接方法。

二、原理与说明

提高功率因数有非常重要的意义。我国供电营业规则提出：除电网有特殊要求的用户外，用户在当地供电企业规定的电网高峰负荷时的功率因数，应达到下列规定。100kVA 及以上高压供电的用户功率因数为 0.90 以上。其他电力用户中大、中型电力排灌站、趸购转售电企业，功率因数为 0.85 以上。农业用电，功率因数为 0.80。

1. 输电线路工作情况分析

发电机或变压器经输电线路把电能传送给负载，图 3.8 – 1 是输电线路图。在工程频率（$f = 50\text{Hz}$）下，设传输距离不长、电压不高时，线路阻抗 Z_L 可以看成是电阻 R_L 和感抗 X_L 相串联的结果。若输电线的始端（供电端）电压为 $\dot{U}_1$，终端（负载端）电压为 U_2。

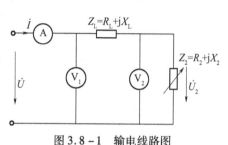

图 3.8 – 1　输电线路图

当负载电流为 $\dot{I}$ 时，传输线上的压降为

$$\Delta \dot{U} = \dot{I} Z_L = \dot{U}_1 - \dot{U}_2$$

式中,$\dot{U}_2$ 是负载的端电压。对于电力线路不允许 U_2 下降过多,否则将影响接在输出端负载的正常运行。例如,电压下降 10% 使得白炽灯发光只约为应有亮度的 90%,或使得电动机不能带负载启动。事实上 U_2 下降过多是因为传输线路上的功率损耗增大过多,从而使电路的输电效率下降。所以对于电力线路来讲,必须先考虑效率问题。

若负载阻抗为 $Z_2 = (R_2 + jX_2)$,负载功率为 P_2,负载端功率因数为 $\cos\varphi_2$,输电线始端功率为 P_1,则

输电线路上的电流为
$$I = \frac{P_2}{U_2 \cos\varphi_2}$$

输电线路上电压降为
$$\Delta \dot{U} = \dot{U}_1 - \dot{U}_2$$

输电线路上的损耗功率为
$$\Delta P = I^2 R_L$$

输电效率为
$$\eta = \frac{P_2}{P_1} = \frac{P_2}{P_2 + \Delta P} = \frac{P_2}{P_2 I^2 R_L}$$

要在负载正常运行(即 P_2 不变)时电路的输电效率 η 提高,则必须使输电线路上损耗的功率 $\Delta P = I^2 R_L$ 尽量减小,即尽量减小输电线路上的电流 I。

2. 提高功率因数的意义

在用户中,一般感性负载很多,如日光灯,电动机,变压器等,其功率因数较低。当负载的端电压一定时,功率因数越低,输电线路上的电流越大,导线上的压降也越大,使输电线路电能损耗增加,传输效率降低,由此导致发电设备(电源)的容量得不到充分的利用。因此,提高负载端功率因数,对降低电能损耗,提高电源设备容量的利用率和传输效率有着重要作用。

3. 提高功率因数的方法

图 3.8 – 2 所示电路,当电容 C 未并入前,负载为感性,负载电流中含有感性无功电流,从电源中"吸收"无功功率。并联电容就是用电容中的容性无功电流来补偿负载中的感性无功电流,即感性负载中所需要的一部分无功功率改由电容"发出"了。此时负载端电压不变,感性负载的工作状态不变。但整个线路的无功功率变小,有功功率不变,因而对电源而言功率因数提高了,使输电线路上的总电流减小,线路压降减小,线路损耗降低,因此提高了电源设备的利用率和传输效率。

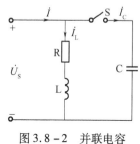

图 3.8 – 2 并联电容
C 后的负载

当并联电容 C 后,图 3.8 – 2 所示电路的复导纳为

$$Y = \frac{1}{R + j\omega L} + j\omega C = \frac{R}{R^2 + (\omega L)^2} - j\frac{\omega L}{R^2 + (\omega L)^2} + j\omega C$$

当其虚部 $- j\frac{\omega L}{R^2 + (\omega L)^2} + j\omega C = 0$ 时,为全补偿。

负载的功率因数可以用三表法测出 U、I、P 后,由公式 $\cos\varphi = \frac{P}{UI}$ 计算得到,也可直接用功率因数表测出。

4. 日光灯电路结构及工作原理

日光灯电路如图 3.8 – 3 所示,日光灯由灯管、镇流器和启辉器 3 部分组成。

（1）灯管。灯管是一根内壁涂有荧光物质的玻璃管,在管的两端各装一组灯丝电极,电极上涂有受热后易发射电子的氧化物,管内抽真空后注入微量惰性气体和汞。灯管可近似认为是一个电阻元件。

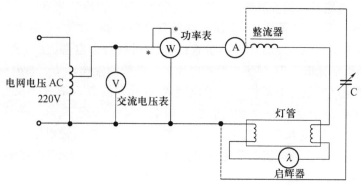

图 3.8 - 3   实验线路图

（2）镇流器。镇流器是一个带有铁芯的电感线圈。其在电路接通过程中产生高压点燃灯管,启动后可限制灯管电流。

（3）启辉器。启辉器俗称跳泡,在充气的玻璃泡内装有两个电极,一个为固定电极,一个为双金属片制成的可动电极。启动过程中,通过可动电极的变形与复位,使两电极接通然后分离,相当于一个自动开关。

（4）日光灯工作过程。当接通电源时,日光灯尚未工作,电源电压全部加在启辉器上,使启辉器内气体放电,导致双金属可动电极变形从而两电极接通。此时,镇流器、灯管两组灯丝、启辉器通有电流,此电流加热灯丝为日光灯启辉创造条件。两电极接通后,启辉器内停止放电,可动电极冷却到一定程度后收缩复位,把刚才接通的电路突然切断。电路切断的一瞬间,镇流器两端产生一个较大的自感电压,此自感电压与电源电压叠加作用于灯管,使灯管放电导通。灯管导通后,启辉器不再动作,日光灯正常工作。

日光灯属电感性负载。日光灯工作时,不仅从电源吸收有功,还要吸收无功,且电路的功率因数较低。为提高功率因数,可并联电容器 C,当并联的电容 C 值合适时,可使电路的总功率因数提高到1,如果并联电容 C 值过大,将引起过补偿而使整个电路成为容性电路。

三、参考实验设备

实验设备如表3.8 - 1 所列。

表 3.8 - 1   实验设备

序 号	名 称	型号与规格	数 量	备 注
1	功率表		1	D34 - 3
2	自耦调压器		1	DG01
3	镇流器		1	DG21
4	启辉器		1	DG21
5	日光灯管		1	DG01
6	电容器			DG21

四、实验方法

（1）在三相自耦调压器空载的情况下，将其输出电压从 0 开始逐渐上升，最后调节到相电压为 220V，然后关断电源。

（2）日光灯电路的连接及其测量。①检查日光灯管、镇流器和启动器的结构、规格。②在电源关断的情况下，按图 3.8 - 3 所示连接日光灯电路（注意：在需串联电流表的位置，接线时以电流插口代替）。③教师检查线路无误后合上电源，使日光灯起辉工作。④断开电容，测量电源电压 U、镇流器两端电压 U_L、灯管两端电压 U_D、总电流 I 及总功率 P。根据测量结果计算线路总阻抗 $|Z|$、总电阻 R、总功率因数 $\cos\varphi$ 等有关参数。将测量与计算结果一并记录于表 3.8 - 2 中。⑤在并联电容 C 的情况下，通过改变电容 C 值的大小，观察并测量总电流 I、电容电流 I_C、灯管支路电流 I_D，将测量数据记录于表 3.8 - 3 中。测量时，先观察一下总电流的变化规律，找到其中最小的一点，作为中间点，再在中间点两侧进行测量。

表 3.8 - 2 实验数据记录表

测 量 值					计 算 值		
U/V	U_L/V	U_D/V	I/A	P/W	$\lvert Z \rvert/\Omega$	R/Ω	$\cos\varphi$

表 3.8 - 3 实验数据记录表

$C/\mu\mathrm{F}$						
I/A						
I_C/A						
I_D/A						

（3）在图 3.8 - 2 所示日光灯电路的基础上，用一个具有较小阻抗值的感性元件（100Ω/25W 的电阻与 1H 电感串联）模拟输电线路阻抗（为了简化电路及计算，输电线路阻抗也可以只用一个 100Ω/25W 的电阻来模拟），用日光灯电路作为常见的感性负载阻抗，自行设计实验电路、实验内容和测量数据表格，研究在负载端（日光灯电路）功率因数不同时，输电线路上电压降和功率损耗情况及对输电线路传输效率的影响。

五、实验注意事项

（1）本实验的电源为 220V 的交流电，务必注意用电安全。

（2）日光灯不能启辉时，应检查启辉器及其接触是否良好。

（3）测量功率时，要注意正确读数和换算。

六、实验报告要求

（1）根据表 3.8 - 2 测量数据，画各电压、电流相量图。

（2）根据表 3.8 - 3 测量数据，画 $I = f(C)$ 曲线。

（3）说明电容 C 改变时，对灯管支路的电流和灯管支路的功率因数有无影响？

（4）用相量图说明，并联电容 C 过大时，将产生什么后果？

（5）说明负载端（日光灯电路）并联电容器改变其功率因数时，输电线路上电压降和功率损耗情况及对输电线路传输效率的影响。

（6）能否用串联电容的方法提高功率因数？试分析之。

3.9 互感电路测量（综合实验）

实验预习要求

1. 复习互感耦合电路基本理论，注意以下问题：

（1）什么是自感？什么是互感？

（2）如何判断两个互感线圈的同名端？若已知线圈的自感和互感，两个互感线圈相串联的总电感与同名端有何关系？

（3）互感的大小与哪些因素有关？这些因素是如何对互感施加影响的？

2. 在校园网上做该虚拟实验，模拟实验结果。

3. 试列出仪器清单，写出基本实验步骤，画出实验电路图。

一、实验目的

（1）学会互感电路同名端、互感系数以及耦合系数的测定方法。

（2）理解两个线圈相对位置的改变，以及用不同材料的线圈铁芯对互感的影响。

二、原理与说明

1. 判断互感线圈同名端的方法

1）直流法

如图 3.9 – 1 所示，当开关 S 闭合瞬间，若毫安表的指针正偏，则可断定 1、3 为同名端；指针反偏，则 1、4 为同名端。

2）交流法

如图 3.9 – 2 所示，将两个绕组 N_1 和 N_2 的任意两端（如 2、4 端）接在一起，在其中的一个绕组（如 N_1）两端加一个低电压，用交流电压表分别测出端电压 U_{13}、U_1 和 U_2，若 U_{13} 是两个绕组两个端电压有效值之差，则 1、3 是同名端；若 U_{13} 是两绕组两个端电压有效值之和，则 1、4 是同名端。

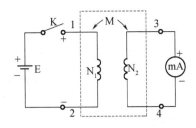

图 3.9 – 1　直流法判断互感线圈同名端线路图

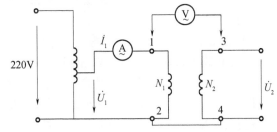

图 3.9 – 2　交流法判断互感线圈同名端线路图

2. 两线圈互感系数 M 的测定

在图 3.9 – 2 所示的 N_1 侧施加低压交流电压 U_1，测出 I_1 及 U_2。根据互感电压 $U_2 = \omega M I_1$，可算得互感系数为

$$M = \frac{U_2}{\omega I_1}$$

3. 耦合系数 K 的测定

两个互感线圈耦合松紧的程度可用耦合系数 K 来表示

$$K = \frac{M}{\sqrt{L_1 L_2}}$$

如图 3.9 − 2，先在 N_1 侧加低压交流电压 U_1，测出 N_2 侧开路时的电流 I_1；然后再在 N_2 侧加电压 U_2，测出 N_1 侧开路时的电流 I_2，求出各自的自感 L_1 和 L_2，即可算得 K 值。

$$L_1 = \frac{U_1}{\omega I_1}, L_2 = \frac{U_2}{\omega I_2}, M = \frac{U_2}{\omega I_1}$$

三、参考实验设备

实验设备如表 3.9 − 1 所列。

表 3.9 − 1　实验设备

序　号	名　　称	型号与规格	数　量	备　注
1	数字直流电压表		1	D31
2	数字直流电流表		2	D31
3	交流电压表		1	D33
4	交流电流表		1	D32
5	空心互感线圈	N_1 为大线圈　N_2 为小线圈	1 对	DG08
6	自耦调压器		1	DG01
7	电阻器	510Ω,2W	1	DG21
8	发光二极管	红和绿	2	DG21
9	铁棒		1	
10	滑线变阻器	200Ω,2W	1	自备
11	可变电阻器	100Ω,2W	1	DG21

四、实验方法

1. 分别用直流法和交流法测定互感线圈的同名端

1）直流法

实验线路如图 3.9 − 3 所示，将 N_1、N_2 同心式套在一起，并放入铁芯。U_1 为 6V，由可调直流稳压电源输出，然后改变可变电阻 R（由大到小调节），使流过 N_1 侧的电流不超过 0.4A（选用 5A 量程的电流表），N_2 侧直接接入 2mA 量程的毫安表。通过将开关 K 打开，闭合，观察毫安表正、负读数的变化，来判定 N_1 和 N_2 两个线圈的同名端。

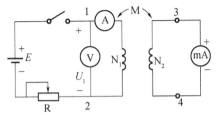

图 3.9 − 3　实验线路图

2）交流法

按图 3.9 − 4 所示接线，将 2、4 端联在一起，将小线圈 N_2 套在线圈 N_1 中，N_1 串接电流表（选 2.5A 的量程）后接至自耦调压器的输出，并在两线圈中插入铁芯。接通电源前，应首先检查自耦调压器是否调至零位，确认后方可接通交流电源，令自耦调压器输出一个很低的电压（约 2V），使流过电流表的电流小于 1.5A，然后用 30V 量程的交流电压表测量 U_{13}、U_{12}、

66

U_{34}判定同名端。拆去 2、4 连线,并将 2、3 相接,重复上述步骤,再次判定同名端。

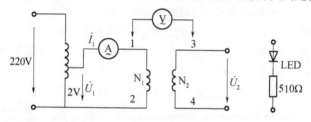

图 3.9 - 4　实验线路图

2. 测定互感系数 M

在图 3.9 - 2 电路中,令 N_2 开路,N_1 侧施加 2V 左右的交流电压 U_1,测量 U_1、I_1、U_2,利用公式算出 M。

3. 测定两线圈的耦合系数 K

在图 3.9 - 2 电路中,令 N_1 开路,N_2 侧施加 2V 左右的交流电压 U_2,测量 U_2、I_2、U_1,I_1,利用公式算出 L_1,L_2 和 K。

4. 研究影响互感系数大小的因素

在图 3.9 - 4 电路中,线圈 N_1 侧加 2V 左右交流电压,N_2 侧接入 LED 发光二极管与 510Ω 串联的支路。

(1) 将铁芯慢慢地从两线圈中抽出和插入,观察 LED 亮度及各电表读数的变化,记录变化现象。

(2) 改变两线圈的相对位置,观察 LED 亮度及各电表读数的变化,记录变化现象。

(3) 改用铝棒替代铁棒,重复步骤(1)、(2),观察 LED 亮度及各电表读数的变化,记录变化现象。

五、实验注意事项

(1) 整个实验过程中,因线圈电阻很小,容易过流注意流过线圈 N_1 的电流不超过 1.5A,流过线圈 N_2 的电流不得超过 1A。

(2) 测定同名端及其他测量数据的实验中,都应将小线圈 N_2 套在大线圈 N_1 中,并插入铁芯,这样可获得较大的耦合系数和互感电压,便于观察互感现象。

(3) 如实验室备有 200Ω/2A 的滑线变阻器或大功率的负载,则可接在交流实验时的 N_1 侧,用于限制 N_1 的电流。

(4) 实验前,首先要检查自耦调压器,要保证手柄置在零位,因实验时所加的电压只有 2V ~ 3V。因此调节时要特别仔细、小心,要随时观察电流表的读数,不得超过规定值。

六、实验报告要求

(1) 根据测量数据计算互感系数 M 和耦合系数 K。

(2) 综合测量结果和现象,讨论影响互感系数 M 的因素。

(3) 总结实验体会及其他。

3.10　RLC 串联谐振电路的研究

实验预习要求

1. 仔细阅读教材,复习与相关知识,思考以下问题:

（1）根据实验电路板给出的元件参数值,估算出电路的谐振频率。

（2）电路中 R 的数值是否影响谐振频率的值?

（3）如何判别电路是否发生谐振? 测试谐振点的方案有哪些?

（4）电路发生串联谐振时,为什么输入电压不能太大? 如果信号发生器给出 3V 的电压,电路谐振时,用交流毫安表测 U_L 和 U_C,应选用多大的量程?

（5）要提高 RLC 串联电路的品质因数,电路参数应如何改变?

（6）本实验在谐振时,对应的 U_L 和 U_C 是否相等? 如有差异,原因何在?

2. 在校园网上做该虚拟实验,模拟实验结果。

一、实验目的

（1）学习用实验方法绘制 RLC 串联谐振电路的幅频特性曲线。

（2）加深理解电路发生谐振的条件、特点,掌握电路品质因数的物理意义及其测定方法。

二、原理与说明

1. RLC 串联谐振电路

RLC 串联谐振电路如图 3.10 – 1 所示,电路阻抗是电源角频率 ω 的函数,电路的复阻抗为

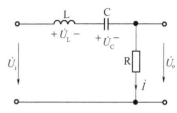

图 3.10 – 1　RLC 串联谐振电路

$$Z = R + \mathrm{j}\left(\omega L - \frac{1}{\omega C}\right) = |Z| \angle \varphi$$

当 $\omega L - \dfrac{1}{\omega C} = 0$ 时,电路处于串联谐振状态。

谐振角频率为　　$\omega_0 = \dfrac{1}{\sqrt{LC}}$

谐振频率为　　　　　　　　　$f_0 = \dfrac{1}{2\pi\sqrt{LC}}$

显然,谐振频率仅与元件 L、C 的数值有关,而与电阻 R 和激励电源的角频率 ω 无关。

2. 电路处于谐振状态时的特性

（1）由于回路总电抗 $X_0 = \omega_0 L - \dfrac{1}{\omega_0 C} = 0$,因此回路阻抗 $Z_0 = R$ 为最小值,整个回路相当于一个纯电阻电路,激励电源的电压与回路的响应电流同相位。

（2）由于感抗 $\omega_0 L$ 与容抗 $\dfrac{1}{\omega_0 C}$ 相等,所以电感上的电压 U_L 与电容上的电压 U_C 有效值相等,相位相差 180°,谐振时感上的电压(或电容上的电压)与激励电压之比称为品质因数 Q,即

$$Q = \frac{U_L(\omega_0)}{U_i} = \frac{U_C(\omega_0)}{U_i} = \frac{\dfrac{1}{\omega_0 C}}{R} = \frac{\omega_0 L}{R} = \frac{1}{R}\sqrt{\frac{L}{C}}$$

在 L 和 C 为定值的条件下,Q 值仅仅决定于回路电阻 R 的大小。

（3）在输入信号的 U_i 为定值时,电路中的电流 达最大值,且与输入信号 U_i 同相位,这时 $U_o = U_R = U_i$ 为最大值。

3. 串联谐振电路的频率特性

（1）当正弦交流信号源 U_i 的频率 f 改变时,电路中的感抗、容抗随之改变,电路中的

电流也随之改变。响应电流、电压与激励电源的角频率的关系称为电路的幅频特性。电流的幅频特性表达式为

$$I(\omega) = \frac{U_s}{\sqrt{R^2 + (\omega L - \frac{1}{\omega C})^2}} = \frac{U_s}{R\sqrt{1 + Q^2(\frac{\omega}{\omega_0} - \frac{\omega_0}{\omega})^2}} = \frac{I_0}{\sqrt{1 + Q^2(\frac{\omega}{\omega_0} - \frac{\omega_0}{\omega})^2}}$$

为了反映一般情况,通常研究电流比 I/I_0 与角频率比 ω/ω_0 之间的函数关系,即所谓电流的通用幅频特性。其表达式为

$$\frac{I(\omega)}{I_0} = \frac{1}{\sqrt{1 + Q^2(\frac{\omega}{\omega_0} - \frac{\omega_0}{\omega})^2}}$$

式中:I_0 为谐振时的回路响应电流。

(2) 当电路的 L 和 C 保持不变时,改变 R 的大小,可得出不同 Q 值时电流的幅频特性曲线。图 3.10-2 画出了不同 Q 值下电流的通用幅频特性曲线,谐振曲线的通频带宽度为

$$\Delta f = f_2 - f_1 \quad (f = \frac{1D}{2\pi})$$

式中:f_0 为谐振频率,f_2 和 f_1 为幅度下降为最大值的 $1/\sqrt{2} = 0.707$ 倍时的上、下频率点。

从图 3.10-2 可以看出,Q 值越高,在一定的频率偏移下,电流比下降得越厉害,曲线越尖锐,通频带越窄,电路的选择性越好。

取电阻 R 上的电压 U_o 作为响应,由于 $U_o = RI$,而 R 值是一常数,所以,响应 U_o 随频率 f 变化的曲线和电流的幅频特性曲线形状相同。当输入信号的有效值 U_i 不变时,改变其频率 f,测出 $\frac{U_o}{U_i}$ 随 f 的变化曲线如图 3.10-3 所示。

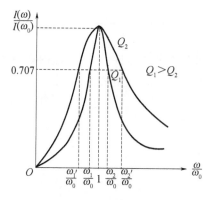

图 3.10-2　不同 Q 值下电流
的通用幅频特性曲线

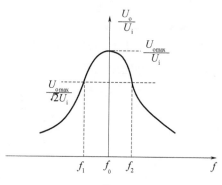

图 3.10-3　$\frac{U_o}{U_i}$ 随 f 的变化曲线

4. 电路品质因数 Q 值的测量

串联谐振电路中,电感电压为

69

$$U_L = I\omega L = \frac{\omega L U_S}{\sqrt{R^2 + (\omega L - \frac{1}{\omega C})^2}}$$

电容电压为

$$U_C = I \frac{1}{\omega C} = \frac{U_S}{\omega C \sqrt{R^2 + (\omega L - \frac{1}{\omega C})^2}}$$

当 $\omega = \omega_0$ 时,电路发生谐振,这时 $U_L = U_C = QU$,Q 称为电路的品质因数。

电路品质因数 Q 值的两种测量方法如下。

方法1:根据公式 $Q = \frac{U_L}{U_0} = \frac{U_C}{U_0}$ 来测定,其中 U_L、U_C 和 U_0 分别是谐振时电感、电容及电阻元件上的电压。

方法2:先测量谐振曲线的通频带宽度 $\Delta f = f_2 - f_1$,再根据公式 $Q = \frac{f_0}{\Delta f} = \frac{f_0}{f_2 - f_1}$ 求出 Q 值。

三、实验设备

实验设备如表 3.10 – 1 所列。

表 3.10 – 1　实验设备

序　号	名　　称	型号与规格	数　量	备　注
1	双踪示波器		1	
2	低频信号发生器		1	DG03
3	谐振电路实验电路板	$R = 330\Omega$、$2.2k\Omega$ $C = 2400pF$ $L = 200mH$	1	DG07
4	交流毫伏表		1	

四、实验内容与步骤

(1) 图 3.10 – 4 为测量用的电路图,用交流毫伏表测量电压,用示波器监视信号发生器。使信号发生器输出正弦信号,且使信号的有效值为 $U_i = 3V$,并保持不变。

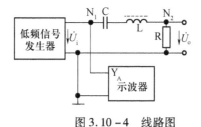

图 3.10 – 4　线路图

(2) 取 $R = 330\Omega$,使信号发生器的频率由小到大变化(注意维持 $U_i = 3V$ 不变),测量对应的 U_0、U_L 和 U_C(注意及时更换毫伏表的量程),将测量结果记录于表 3.10 – 2 中。当 U_0 为最大值时,对应的频率即为电路的谐振频率 f_0(测量时,可先找谐振频率点,再在谐振频率点两侧选点进行测量)。

表 3.10-2　数据记录表

f/kHz							
U_{o}/V							
U_{L}/V							
U_{C}/V							
$f_0 = ?$, $f_2 - f_1 = ?$, $Q = ?$							

(3) 取 $R = 2.2\mathrm{k}\Omega$,重复步骤(2)的测量,将测量结果记录于表 3.10-3 中。

表 3.10-3　数据记录表

f/kHz							
U_{o}/V							
U_{L}/V							
U_{C}/V							
$f_0 = ?$, $f_2 - f_1 = ?$, $Q = ?$							

五、实验注意事项

(1) 测试幅频特性曲线时,应在谐振点(U_{o} 的最大值点)及 U_{L}、U_{C} 的最大值点附近多取几点。

(2) 在测量 U_{L}、U_{C} 前,应将毫伏表的量程增大约 10 倍,而且在测量 U_{L}、U_{C} 时,毫伏表的" + "端接 L 与 C 的公共点,其接地端分别触及 L 与 C 的近地端 N_2、N_1。

六、实验报告要求

(1) 根据测量数据,绘出不同 Q 值时 U_{o}、U_{L} 和 U_{C} 的幅频特性曲线。

(2) 计算出通频带与 Q 值,说明不同 R 值时对电路通频带与品质因数的影响。

(3) 谐振时,比较输出电压 U_{o} 与输入电压 U_{i} 是否相等? 试分析原因。

(4) 通过实验总结串联谐振电路的特性。

3.11　三相电路的研究(综合实验)

3.11.1　三相交流电路电压、电流的测量

实验预习要求:

1. 复习三相电路基本理论,注意以下问题:

(1) 三相负载根据什么条件作星形或三角形连接?

(2) 试分析三相星形连接不对称负载在无中线情况下,当某相负载开路或短路时会出现什么情况? 如果接上中线,情况又如何?

2. 在校园网上做该虚拟实验,模拟实验结果。

3. 试列出仪器清单,写出基本实验步骤,画出实验电路图。

一、实验目的

(1) 掌握三相负载作星形连接、三角形连接的方法,验证这两种接法下线、相电压及线、相电流之间的关系。

71

（2）充分理解三相四线制供电系统中中线的作用。

二、原理与说明

（1）三相负载可接成星形（又称"Y"连接）或三角形（又称"△"连接）。当三相对称负载作 Y 形连接时，线电压 U_L 是相电压 U_P 的 $\sqrt{3}$ 倍。线电流 I_L 等于相电流 I_P，即 $U_L = \sqrt{3} U_P$，$I_L = I_P$。在这种情况下，流过中线的电流 $I_0 = 0$，所以可以省去中线。当对称三相负载作 △ 形连接时，有 $I_L = \sqrt{3} I_P$，$U_L = U_P$。

（2）不对称三相负载作 Y 连接时，必须采用三相四线制接法，即 Y_0 接法（注：Y_0 接法即有中线的接法，Y 接法即无中线的接法），而且中线必须牢固连接，以保证三相不对称负载的每相电压维持对称不变。倘若中线断开，会导致三相负载电压的不对称，致使负载轻的那一相的相电压过高，负载遭受损坏；负载重的一相相电压又过低，负载不能正常工作，尤其是对于三相照明负载，无条件地一律采用 Y_0 接法。

（3）当不对称负载作 △ 连接时，$I_L \neq \sqrt{3} I_P$，但只要电源的线电压 U_L 对称，加在三相负载上的电压仍是对称的，对各相负载工作没有影响。

三、参考实验设备

实验设备如表 3.11-1 所列。

表 3.11-1　实验设备

序号	名　称	型号与规格	数量	备注
1	交流电压表	0～500V	1	D33
2	交流电流表	0～5A	1	D32
3	万用表		1	
4	三相自耦调压器		1	DG01
5	三相灯组负载	220V/15W 白炽灯 9 个电门插座 3 个	1	DG08

四、实验方法

1. 三相负载星形连接（三相四线制供电）

按图 3.11-1 线路连接实验电路。

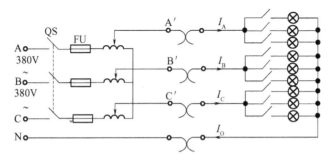

图 3.11-1　三相负载星形连接（三相四线制供电）

三相灯组负载经三相自耦调压器接至三相对称电源。将三相调压器的旋柄置于输出为 0V 的位置（即逆时针旋到底）。经指导教师检查合格后，方可开启实验台电源，然后调节调压器的输出，使输出的三相相电压为 220V，并按下述内容完成各项实验,分别测量三相负载的线电压、相电压、线电流、相电流、中线电流、电源与负载中点间的电压。

将所测得的数据记入表3.11-2,并观察各相灯组亮暗的变化程度,特别要注意观察中线的作用。

表3.11-2(a)　数据记录表

测量数据实验内容(负载情况)	开灯盏数			线电流/A			线电压/V		
	A相	B相	C相	I_A	I_B	I_C	U_{AB}	U_{BC}	U_{CA}
Y接对称负载	3	3	3						
Y_0接不对称负载	1	2	3						
Y接不对称负载	1	2	3						
Y_0接B相断开	1		3						
Y接B相断开	1		3						
Y接B相短路	1		3						

表3.11-2(b)　数据记录表

测量数据实验内容(负载情况)	开灯盏数			相电压/V			中线电流/A	中点电压/V
	A相	B相	C相	U_{AN}	U_{BN}	U_{CN}	I_N	$U_{N'N}$
Y接对称负载	3	3	3					
Y接不对称负载	1	2	3					
Y_0接B相断开	1		3					
Y接B相断开	1		3					
Y接B相短路	1		3					

2. 负载三角形连接(三相三线制供电)

按图3.11-2改接线路,经指导教师检查合格后接通三相电源,并调节调压器,使其输出线电压为220V,并按表3.11-3的内容进行测试。

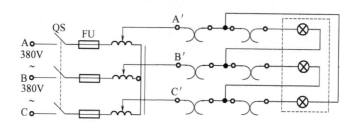

图3.11-2　负载三角形连接(三相三线制供电)

表 3.11 −3(a)　数据记录表

测量数据	开灯盏数			线电压 = 相电压/V		
负载情况	A − B 相	B − C 相	C − A 相	$U_{A'B'}$	$U_{B'C'}$	$U_{C'A'}$
三相对称	3	3	3			
三相不对称	1	2	3			

表 3.11 −3(b)　数据记录表

测量数据	开灯盏数			线电流/A			相电流/A		
负载情况	A − B 相	B − C 相	C − A 相	I_A	I_B	I_C	$I_{A'B'}$	$I_{B'C'}$	$I_{C'A'}$
三相对称	3	3	3						
三相不对称	1	2	3						

五、实验注意事项

(1) 本实验采用三相交流市电,线电压为 380V,应穿绝缘鞋进实验室。实验时要注意人身安全,不可触及导电部件,防止意外事故发生。

(2) 每次接线完毕,同组同学应自查一遍,然后由指导教师检查后,方可接通电源,必须严格遵守先断电、再接线、后通电;先断电、后拆线的实验操作原则。

(3) 星形负载作短路实验时,必须首先断开中线,以免发生短路事故。

(4) 为避免烧坏灯泡,所加电压均应小于灯泡额定电压 220V。

六、实验报告要求

(1) 根据实验数据验证对称三相电路中的 $\sqrt{3}$ 关系,即线电压(电流)与相电压(电流)有效值的关系。

(2) 根据实验数据和观察到的现象,总结三相四线制供电系统中中线的作用。

(3) 不对称三角形连接的负载能否正常工作? 实验是否能证明这一点?

(4) 根据不对称负载三角形连接时的实验数据,画出相量图,并验证实验数据的正确性。

3.11.2　三相电路功率的测量

实验预习要求

1. 复习三相电路基本理论,注意以下问题:

(1) 三相电路功率的概念和测量方法。

(2) 二瓦特表法测量三相电路有功功率的原理。

(3) 一瓦特表法测量三相对称负载无功功率的原理。

2. 在校园网上做该虚拟实验,模拟实验结果。

3. 试列出仪器清单,写出基本实验步骤,画出实验电路图。

一、实验目的

(1) 掌握用二瓦特表法测量三相电路有功功率和一瓦特表法测量无功功率的方法。

(2) 进一步熟练掌握功率表的接线和使用方法。

二、原理与说明

1. 三相四线制供电系统的功率测量

在三相四线制电路中,无论三相负载对称与否,因为负载各相电压是互相独立的,所以可以用三块功率表(也称瓦特表)分别测出各相的有功功率 P_A、P_B、P_C,测量电路如图 3.11 -3 所示。三相电路负载消耗的总有功功率为 3 块功率表的功率相加,即 $P = P_A + P_B + P_C$。

若三相负载是对称的,则只需测量出一相的功率即可,三相电路总功率就等于该相功率的 3 倍,即 $P = 3P_A = 3P_B = 3P_C$。

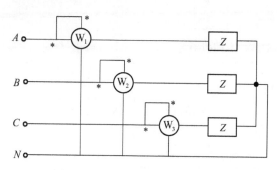

图 3.11 -3   三瓦特表测有功功率

2. 三相三线制供电系统

在三相三线制供电系统中,无论三相负载是否对称,负载是 Y 形连接还是 △ 形连接,都可用两块功率表测量三相负载的有功功率,这种方法称为二瓦特表法。二瓦特表法测量三相电路功率的接线如图 3.11 -4 所示,两块功率表的读数为 P_1、P_2,则三相负载消耗的总有功功率为 $P = P_1 + P_2$。

由 KCL 有 $i_A + i_B + i_C = 0$,$i_C = -(i_A + i_B)$,三相电路的瞬时功率可以表示为

$$p_1 = (u_A - u_C)i_A = u_{AC}i_A$$
$$p_2 = (u_B - u_C)i_B = u_{BC}i_B$$

有功功率为

$$P_1 + P_2 = \frac{1}{T}\int_0^T (u_A - u_C)i_A \cdot dt + \frac{1}{T}\int_0^T (u_B - u_C)i_B \cdot dt$$

$$= \frac{1}{T}\int_0^T u_A i_A dt + \frac{1}{T}\int_0^T u_B i_B dt + \frac{1}{T}\int_0^T u_C i_C dt$$

$$= P_A + P_B + P_C = P$$

可见,两块功率表读数的代数和,正好是三相负载消耗的总有功功率。若负载为感性或容性,且当相位差 $\varphi > 60°$ 时,两块功率表中一块功率表指针的将反向偏转,数字式功率表将出现负读数,这时应将功率表电压线圈的极性开关拨到另一端,而读数应记为负值。

3. 对称三相电路中无功功率的测量

(1)在对称三相电路中,可用二瓦特表法测量无功功率,测量电路的接线如图 3.11 -4 所示,在测得的有功功率 P_1、P_2 后,即可求出负载的无功功率 Q 为

$$Q = \sqrt{3}(P_1 - P_2)$$

(2)对称三相三线制电路中的无功功率还可用一块功率表来测量,测量电路如图

3.11 - 5所示。无功功率 $Q = \sqrt{3}P$，这里 P 是功率表的测量数值。负载为感性时,功率表正偏;负载为容性时,功率表反偏,取负值。

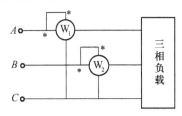

图 3.11 - 4　二瓦特表测有功功率

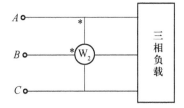

图 3.11 - 5　一瓦特表测无功功率

三、实验设备

实验设备如表3.11 - 4 所示。

表 3.11 - 4　实验设备

序　号	名　称	型号与规格	数　量	备　注
1	三相自耦调压器			DG01
2	交流电压表			D33
3	交流电流表			D32
4	数字功率表			D34 - 3
5	三相灯组负载箱 电流插头、插座			DG08

四、实验内容与步骤

（1）用一瓦特表法测量三相四线制供电系统负载 Y 接线时的有功功率,数据记入表 3.11 -5 中。

表 3.11 - 5　一瓦特表法测量功率数据

负　载	测量值			计算值
	P_A/W	P_B/W	P_C/W	$\sum P/\mathrm{W}$
对称				
不对称				

（2）用二瓦特表法测量三相三线制供电系统在负载 Y 接线、△接线,负载对称和不对称两种工作状态时的有功功率,并将测量数据记入表 3.11 - 6 中。

表 3.11 - 6　二瓦特表法测量功率数据

负　载		测量值		计算值
		P_1/W	P_2/W	$\sum P/\mathrm{W}$
Y 接线	对称			
	不对称			
△接线	对称			
	不对称			

（3）用下面两种方法测量对称三相电路的无功功率,把数据记入表 3.11 -7 中。

①用一瓦特表法测量三相 Y 接线对称负载的无功功率。

②用二瓦特表法测量三相对称负载的无功功率。

表 3.11-7 无功功率测量数据

负 载		测 量 值			计 算 值
		U/V	I/A	Q/var	$\sum Q/\text{var}$
一瓦特表法	对称电阻负载				
	对称容性负载				
二瓦特表法	对称电阻负载				

五、实验注意事项

（1）三相交流电源必须与三相负载箱要求的电压等级相配合。本实验负载由灯泡组成，要求将电源线电压 380V 通过三相自耦调压器调至线电压为 220V。

（2）每次实验完毕需将三相自耦调压器调回零位，每次改变接线均需断开三相电源。

（3）测功率时，若用一只功率表逐次测量，测量前，应先将电流线圈接上带插头的线，电压线圈接上带测试棒的线；测量时，例如测量 A 相的功率时，将插头插入 A 相灯箱的电流插座，两测试棒分别跨接在电源 A 和中线 N 端，但要注意对应端"*"不要搞错。

（4）电源电压较高，实验中应时刻注意人身及设备的安全。

（5）实验中若出现异常现象例如短路、开关跳开等，应立即切断电源，找出故障原因，排除故障后方可继续实验。

（6）一瓦特表法测无功功率时，接线必须经教师检查后再通电。

六、实验报告要求

（1）根据测试数据，总结测量三相电路功率各种方法的适用条件。

（2）完成数据表格中的各项测量和计算任务，比较二瓦特表法和一瓦特表法的测量结果及适用范围。

（3）证明一瓦特表法、二瓦特表法测量对称三相电路无功功率的关系式。

（4）负载不对称的三相四线制系统，能否用二瓦特表法测有功功率？简要说明原因。

（5）二瓦特表法测功率，为什么会出现读数为负值？试用相量图解释。

（6）测量功率时，为什么在线路中通常要接入电流表和电压表？

（7）为什么有的实验需要将三相电源的线电压调到 380V，而有的实验要调到 220V？

3.12　R、L、C 元件阻抗特性的测定

实验预习要求：

1. 复习复杂交流电路基本理论，注意以下问题：

测量 R、L、C 各个元件的阻抗角时，为什么要与它们串联一个小电阻？可否用一个小电感或大电容代替？为什么？三相电路功率的概念和测量方法。

2. 在校园网上做该虚拟实验，模拟实验结果。

一、实验目的

（1）验证电阻、感抗、容抗与频率的关系，测定 $R \sim f$，$X_L \sim f$ 与 $X_C \sim f$ 的特性曲线。

（2）加深理解 R、L、C 元件端电压与电流间的相位关系。

二、原理与说明

（1）在正弦交变信号作用下，R、L、C 电路元件在电路中的阻抗特性与信号的频率有关，它们的阻抗频率特性 $R \sim f$、$X_L \sim f$、$X_C \sim f$ 曲线如图 3.12 - 1 所示。

（2）元件阻抗频率特性的测量电路如图 3.12 - 2 所示。

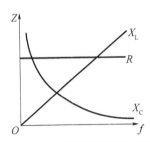

图 3.12 - 1　阻抗频率特性曲线

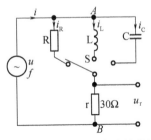

图 3.12 - 2　元件阻抗频率特性的测量电路

　　图中的 r 是测量回路电流用的标准小电阻，由于 r 的阻值远小于被测元件的阻抗值，因此可以认为 A、B 之间的电压就是被测元件 R、L、C 两端的电压，而流过被测元件的电流则可由 r 两端的电压除以 r 后得到。若用双踪示波器同时观察 r 两端的电压 u_r 与被测元件两端的电压 u_{AB}，也就反映出被测元件两端的电压和流过该元件电流的波形，从而可在荧光屏上直接测出被测元件两端电压与电流之间的相位差。

　　（3）将元件 R、L、C 串联或并联相接，亦可用同样的方法测得 $Z_{串}$ 与 $Z_{并}$ 时的阻抗频率特性 $Z \sim f$，根据电压、电流的相位差可判断 $Z_{串}$ 或 $Z_{并}$ 是感性还是容性负载。

　　（4）元件的阻抗角（即元件端电压与电流之间的相位差 ϕ）随输入信号的频率变化而改变。将各个不同频率下的相位差画在以频率 f 为横坐标，阻抗角 ϕ 为纵坐标的坐标纸上，并用光滑的曲线连接这些点，即得到元件阻抗角的频率特性曲线。用双踪示波器测量阻抗角的方法如图 3.12 - 3 所示。荧光屏上已经测得元件的电压、电流的波形，测得信号一个周期所占得格数 n，相位差所占的格数 m，则实际的相位差 ϕ（即阻抗角）为

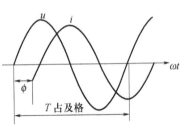

图 3.12 - 3　用双踪示波器测量阻抗角的方法

$$\phi = m \times \frac{360°}{n}$$

三、实验设备

实验设备如表 3.12 - 1 所列。

表 3.12 - 1　实验设备

序　号	名　　称	型号与规格	数　量	备　注
1	低频信号发生器		1	DG03
2	交流毫伏表		1	
3	双踪示波器		1	
4	实验线路元件	$R = 1k\Omega, C = 0.01\mu F$ $L \approx 1H, r = 30\Omega$	1	DG09
5	频率计		1	DG03

78

四、实验内容与步骤

（1）测量 R、L、C 元件的阻抗频率特性。通过电缆线将低频信号发生器输出的正弦信号接至如图 3.12-2 的电路，作为激励源 u，并用交流毫伏表测量，使激励电压的有效值为 $U=3V$，并保持不变。使信号源的输出频率从 200Hz 逐渐增至 5KHz（用频率计测量），并使开关 S 分别接通 R、L、C 3 个元件，用交流毫伏表测量 u_r，并通过计算得到各频率点时的 R、X_L 与 X_C 之值，记入表 3.12-2 中。

表 3.12-2 数据记录表

频率 f		200Hz	700Hz	1.2kHz	1.7kHz	...	5kHz
R	U_r/mV						
	$I_R = \dfrac{U_r}{r}$/mA						
	$R = \dfrac{U}{I_R}$/kΩ						
L	U_r/mV						
	$I_L = \dfrac{U_r}{r}$/mA						
	$X_L = \dfrac{U}{I_L}$/kΩ						
C	U_r/mV						
	$I_C = \dfrac{U_r}{r}$/mA						
	$X_C = \dfrac{U}{I_C}$/kΩ						

（2）用双踪示波器观察在不同频率下各元件阻抗角的变化情况，并填入表 3.12-3 中。

（3）测量 R、L、C 元件串联的阻抗角频率特性。

表 3.12-3 数据记录表

频率 f	200Hz	400Hz	600Hz	800Hz	1kHz	1.2kHz
n/格						
m/格						
ϕ/(°)						

五、实验注意事项

（1）交流毫伏表属于高阻抗电表，测量前必须先调零。

（2）测 ϕ 时，示波器的"v/div"和"t/div"的微调旋钮应旋置"校准位置"。

六、实验报告要求

（1）根据实验数据，在方格纸上绘制 R、L、C 3 个元件的阻抗频率特性曲线，从中可得出什么结论？

（2）根据实验，在方格纸上绘制 R、L、C 3 个元件串联的阻抗角频率特性曲线，并总结、归纳出结论。

（3）心得体会及其他。

3.13 双口网络(自主设计型实验)

实验预习要求:

1. 复习双口网络基本理论,注意以下问题:

(1) 二端口网络的参数为什么与外加电压和电流无关?

(2) 从测得的传输参数判别本实验所研究的二端口网络是否具有互易性。

(3) 对于线性二端口网络,T 参数、Y 参数、Z 参数和 H 参数是如何等效互换的?

2. 初步写出实验方案、步骤,画出实验电路图,设计数据记录表格。

3. 选好元器件、测量仪表和设备,计算出等效电源、等效电阻的理论值。

4. 在校园网上做该虚拟实验,模拟实验结果。

一、实验目的

(1) 加深理解双口网络的基本理论。

(2) 掌握直流双口网络传输参数的测量技术。

二、原理与说明

对于任何一个线性网络,输入端口和输出端口的电压和电流之间的相互关系,可以通过实验测定方法求取一个极其简单的等值双口电路来替代原网络,此即为"黑盒理论"的基本内容。

(1) 一个双口网络两端口的电压和电流四个变量之间的关系,可以用多种形式的参数方程来表示。本实验采用输出口的电压 U_2 和电流 I_2 作为自变量,以输入口的电压 U_1 和电流 I_1 作为应变量,所得的方程称为双口网络的传输方程,如图 3.13 - 1 所示的无源线性双口网络(又称为四端网络)的传输方程为:$U_1 = AU_2 + BI_2$;$I_1 = CU_2 + DI_2$。

式中的 A、B、C、D 为双口网络的传输参数,其值完全决定于网络的拓扑结构及各支路元件的参数值。这四个参数表征了该双口网络的基本特性,它们的含义是:

$A = \dfrac{U_{10}}{U_{20}}$ (令 $I_2 = 0$,即输出口开路时)

$B = \dfrac{U_{1s}}{I_{2s}}$ (令 $U_2 = 0$,即输出口短路时)

$C = \dfrac{I_{10}}{U_{20}}$ (令 $I_2 = 0$,即输出口开路时)

$D = \dfrac{I_{1s}}{I_{2s}}$ (令 $U_2 = 0$,即输出口短路时)

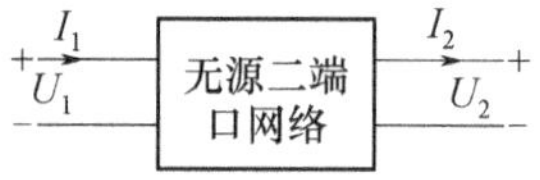

图 3.13 - 1

由上可知,只要在网络的输入口加上电压,在两个端口同时测量其电压和电流,即可求出 A、B、C、D 四个参数,此即为双端口同时测量去。

(2) 若要测量一条远距离输电线构成的双口网络,采用同时测量法就很不方便。这时可采用分别测量法,即先在输入口加电压,而将输出口开路和短路,在输入口测量电压和电流,由传输方程可得:

$R_{10} = \dfrac{U_{10}}{I_{10}} = \dfrac{A}{C}$ (令 $I_2 = 0$,即输出口开路时)

$$R_{1s} = \frac{U_{1s}}{I_{1s}} = \frac{B}{D} \qquad (令 U_2 = 0,即输出口短路时)$$

然后在输出口加电压,而将输入口开路和短路,测量输出口的电压和电流。此时可得

$$R_{20} = \frac{U_{20}}{I_{20}} = \frac{D}{C} \qquad (令 I_1 = 0,即输出口开路时)$$

$$R_{2s} = \frac{U_{2s}}{I_{2s}} = \frac{B}{A} \qquad (令 U_1 = 0,即输出口短路时)$$

$R_{10},R_{1s},R_{20},R_{2s}$ 分别表示一个端口开路和短路时另一端口的等效输入电阻,这四个参数中只有三个是独立的($\because AD - BC = 1$)。至此,可求出四个传输参数:

$$A = \sqrt{R_{10}/(R_{20} - R_{2s})}, \qquad B = R_{2s}A, \qquad C = A/R_{10}, \qquad D = R_{20}C$$

（3）双口网络级联后的等效双口网络的传输参数亦可采用前述的方法之一求得。从理论推得两个双口网络级联后的传输参数与每一个参加级联的双口网络的传输参数之间有如下的关系:

$$A = A_1A_2 + B_1C_2 \qquad B = A_1B_2 + B_1D_2$$
$$C = C_1A_2 + D_1C_2 \qquad D = C_1B_2 + D_1D_2$$

三、参考实验设备

实验设备如表 3.13 - 1 所列。

表 3.13 - 1　实验设备

序号	名称	型号与规格	数量	备注
1	可调直流稳压电源	0～30V	1	
2	数字直流电压表	0～200V	1	
3	数字直流毫安表	0～500V	1	
4	双口网络实验电路板		1	DGJ－03
5	可选电阻	200Ω,300Ω,510Ω	若干	

四、实验任务及设计要求

双口网络实验线路如图 3.13 - 2 所示。将直流稳压电源的输出电压调到 10V,作为双口网络的输入。自主设计一个双口网络,可以是 T 型,π 型,Γ 型双口网络,进行实验。

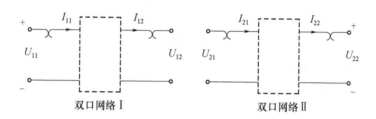

图 3.13 - 2

（1）按同时测量法分别测量计算两个双口网络的传输参数 A_1、B_1、C_1、D_1 和 A_2、B_2、C_2、D_2,并列出它们的传输方程,填入表 3.13 - 2 和表 3.13 - 3 中。

表 3.13 - 2　双口网络 I 测量数据

双口网络 I	输出端开路 $I_{12}=0$	测量值			计算值
		$U_{110}(\text{V})$	$U_{120}(\text{V})$	$I_{110}(\text{mA})$	$A_1=$
					$B_1=$
	输出端短路 $U_{12}=0$	$U_{11\text{S}}(\text{V})$	$I_{11\text{S}}(\text{mA})$	$I_{12\text{S}}(\text{mA})$	$C_1=$
					$D_1=$

表 3.13 - 3　双口网络 II 测量数据

双口网络 II	输出端开路 $I_{22}=0$	测量值			计算值
		$U_{210}(\text{V})$	$U_{220}(\text{V})$	$I_{210}(\text{mA})$	$A_2=$
					$B_2=$
	输出端短路 $U_{22}=0$	$U_{21\text{S}}(\text{V})$	$I_{21\text{S}}(\text{mA})$	$I_{22\text{S}}(\text{mA})$	$C_2=$
					$D_2=$

（2）将两个双口网络级联，即将网络 I 的输出接至网络 II 的输入。用两端口分别测量法计算级联后等效双口网络的传输参数 A、B、C、D，并验证等效双口网络传输参数与级联的两个双口网络传输参数之间的关系，填入表 3.13 - 4 中。

表 3.13 - 4　级联双口网络 II 测量数据

	输出端开路 $I_2=0$			输出端短路 $U_2=0$			
输入端加电压	U_{10} (V)	I_{10} (mA)	R_{10} (kΩ)	$U_{1\text{S}}$ (V)	$I_{1\text{S}}$ (mA)	$R_{1\text{S}}$ (kΩ)	计算 传输参数
	输出端开路 $I_1=0$			输出端短路 $U_1=0$			
输出端加电压	U_{20} (V)	I_{20} (mA)	R_{20} (kΩ)	$U_{2\text{S}}$ (V)	$I_{2\text{S}}$ (mA)	$R_{2\text{S}}$ (kΩ)	$A=$ $B=$ $C=$ $D=$

五、实验注意事项

（1）用电流插头插座测量电流时，要注意判别电流表的极性及选取适合的量程（根据所给的电路参数，估算电流表量程）。

（2）计算传输参数时，I、U 均取其正值。

六、实验报告

（1）完成对数据表格的测量和计算任务。

（2）列写参数方程。

（3）验证级联后等效双口网络的传输参数与级联的两个双口网络传输参数之间的关系。

（4）总结、归纳双口网络的测试技术。

（5）心得体会及其他。

3.14　回转器（综合实验）

实验预习要求

1. 复习回转器基本理论，注意以下问题：

（1）什么是回转器？

（2）什么是回转常数？如何测定回转电导？

（3）说明回转器的阻抗逆变作用及其应用。

2. 在校园网上做该虚拟实验，模拟实验结果。

3. 试列出仪器清单，写出基本实验步骤，画出实验电路图。

一、实验目的

（1）研究回转器的特性，学习回转器的测试方法。

（2）加深对并联谐振电路特性的理解。

二、原理与说明

（1）对于一个双口网络来说，如果它的 T 参数方程具有如下形式：

$$\begin{bmatrix} \dot{U}_1 \\ \dot{I}_1 \end{bmatrix} = \begin{bmatrix} 0 & \dfrac{1}{g} \\ g & 0 \end{bmatrix} \begin{bmatrix} \dot{U}_2 \\ -\dot{I}_2 \end{bmatrix}$$

则该双口网络称为理想回转器，g 称为回转电导，回转器采用如图 3.14 - 1(a)所示的符号表示。测量回转器的参数时，只要测回转器的原端电流和电压即可，因其输入阻抗为

$$Z_{in} = \frac{\dot{U}_1}{\dot{I}_1} = -\frac{1}{g^2} \frac{\dot{I}_2}{\dot{U}_2} = \frac{1}{g^2 Z_L}$$

式中：Z_L 为负载阻抗，所以

$$g = \frac{1}{\sqrt{Z_{in} Z_L}}$$

由回转方程

$$\begin{cases} \dot{U}_1 = -\dfrac{1}{g} \dot{I}_2 \\ \dot{U}_2 = \dfrac{1}{g} \dot{I}_1 \end{cases} \qquad \begin{cases} \dot{I}_1 = g \dot{U}_2 \\ \dot{I}_2 = -g \dot{U}_1 \end{cases}$$

可见回转器的一个重要特性是：它能够把一个端口的电压回转成另一端口的电流，或者把一个端口的电流回转成另一端口的电压。

（2）回转器是一个阻抗逆变器，它可以使容性负载逆变为感性负载。由图 3.14 - 1 (b)可知，由输入端 1 - 1′看过去的输入阻抗为

$$Z_{in} = \frac{1}{g^2} \frac{1}{Z_L} = \frac{1}{g^2} j\omega C = j\omega L$$

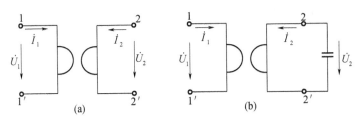

图 3.14 - 1 回转器的电路符号以及回转器的电感实现

(a)电路符号；(b)电感实现。

式中：$L = \dfrac{C}{g^2}$，其量纲是电感的量纲，因此这时回转器将电容"回转"成电感。

（3）用模拟电感器可以组成一个 RCL 并联谐振电路，如图 3.14 - 2(a)所示，图 3.14 - 2(b)是其等效电路。并联电路的幅频特性为

$$\frac{U(\omega)}{I_{S}} = \frac{1}{\sqrt{G^2 + (\omega C - \frac{1}{\omega L})^2}} = \frac{1}{G\sqrt{1 + Q^2(\frac{\omega}{\omega_0} - \frac{\omega_0}{\omega})^2}}$$

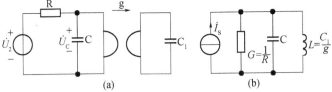

图 3.14 - 2 用模拟电感器组成的 RCL 并联谐振电路

(a)RCL 并联谐振电路；(b)等效电路。

当激励源角频率 $\omega = \omega_0 = \dfrac{1}{\sqrt{LC}}$ 时，电路发生并联谐振。电路导纳为纯电导 G，支路端电压与激励源电流同相位，品质因数 Q 为

$$Q = \frac{I_{C}}{I} = \frac{I_{L}}{I} = \frac{\omega_0 C}{G} = \frac{1}{\omega_0 LG}$$

在 L 和 C 为定值的情况下，Q 值仅由电导 G 的大小所决定。

（4）本实验的回转器采用的是 10A - I 有源实验仪，当按下第三按键时，其内部等效电路如图 3.14 - 3 所示。

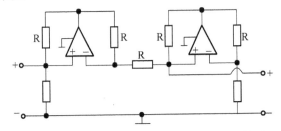

图 3.14 - 3 10A - I 有源实验仪中回转器的内部等效电路

三、参考实验设备

实验设备如表 3.14 - 1 所列。

表 3.14 - 1　实验设备

序　号	名　称	型号与规格	数　量	备　注
1	低频信号发生器		1	DG03
2	交流毫伏表		1	
3	双踪示波器		1	
4	可变电阻箱		1	DG21
5	电容器	$0.1\mu F, 1\mu F$		DG06
6	电阻器	$1k\Omega$		DG06
7	回转器实验电路板			DG06

四、实验方法

实验线路如图 3.14 - 4 所示。

（1）在图 3.14 - 4 的 2 - 2′端接纯电阻负载（电阻箱），信号源频率固定在 1kHz,信号电压≤3V。用交流毫伏表测量不同负载电阻 R_L 时的 U_1、U_2 和 U_{RL}、U_{RS},并计算相应的电流 I_1、I_2 和回转常数 G,一并记入表 3.14 - 2 中。

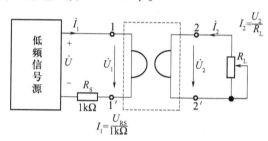

$$I_2 = \frac{U_2}{R_L}$$

$$I_1 = \frac{U_{RS}}{1k\Omega}$$

图 3.14 - 4　线路图

表 3.14 - 2　实验 14 数据记录表

R_L	测 量 值		计 算 值				
	U_1/V	U_2/V	I_1/mA	I_2/mA	$G' = \frac{I_1}{U_2}$	$G'' = \frac{I_2}{U_2}$	G 平均 $= \frac{G' + G''}{2}$
500Ω							
$1k\Omega$							
$1.5k\Omega$							
$2k\Omega$							
$3k\Omega$							
$4k\Omega$							
$5k\Omega$							

（2）用双踪示波器观察回转器输入电压和输入电流之间的相位关系。按图 3.14 - 5 接线,在 2 - 2′端接电容负载 $C = 0.1\mu F$,取信号电压 $U \le 3V$,频率 $f = 1kHz$,观察 I_1 与 U_1 之间的相位关系。

（3）测量等效电感。在 2 - 2′两端接负载电容 $C = 0.1\mu F$,取低频信号源输出电压 $U \le 3V$,并保持恒定。用交流毫伏表测量不同频率时的等效电感,并算出 I_1、L'、L 及误差

ΔL,填入表3.14-3中,并分析U、$\dot{U}_1$、$\dot{U}_{RS}$之间的相量关系。

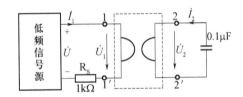

图3.14-5　测量等效电感线路图

表3.14-3　数据记录表

频率参数	200	400	600	800	1000	1200	...	2000
U_1/V''								
U_2/V								
U_R/V								
$I_1 = \dfrac{U_R}{R_S}/\text{mA}$								
$L' = \dfrac{U_2}{2\pi f I_1}/\text{H}$								
$L = \dfrac{C}{G^2}/\text{H}$								
$\Delta L = L' - L/\text{H}$								

（4）测量谐振特性。用回转器作电感,与电容器$C = 1\mu\text{F}$构成并联谐振电路,如图3.14-6所示。取$U \leqslant 3\text{V}$并保持恒定,在不同频率时用交流毫伏表测量$1-1'$端的电压,将测得数据填入表3.14-4中,并找出峰值。

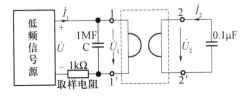

图3.14-6　测量谐振特性线路图

表3.14-4　数据记录表

频率f/Hz	200	400	600	800	1000	1200	...	2000
U_2/V								

五、实验注意事项

回转器的正常工作条件是$\dot{U}$、$\dot{I}$的波形必须是正弦波,为避免运放进入饱和状态使波形失真,所以输入电压不宜过大。

六、报告要求

（1）完成规定各项的实验内容（测试、计算、绘曲线等）。

（2）从实验结果中总结回转器的性质、特点和应用。

3.15 负阻抗变换器(综合实验)

实验预习要求

1. 复习相关基本理论。

2. 在校园网上做该虚拟实验,模拟实验结果。

3. 试列出仪器清单,写出基本实验步骤,画出实验电路图。

一、实验目的

(1)加深对负阻抗概念的认识,掌握对含有负阻抗的电路分析方法。

(2)了解负阻抗变换器的组成原理及其应用。

(3)学会负阻抗的测量方法。

二、原理与说明

(1)负阻抗是电路理论中的一个重要基本概念,在工程实践中有广泛的应用。除某些非线性元件(如遂道二极管)在某个电压或电流的范围内具有负阻特性外,一般都由一个有源双口网络来形成一个等值的线性负阻抗。该网络由线性集成电路或晶体管等元件组成,这样的网络称为负阻抗变换器。

负阻抗变换器(简称 NIC)是一个二端口元件,如图 3.15 - 1 所示。

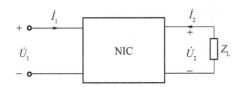

图 3.15 - 1 负阻抗变换器

端口特性可以用下列 T 参数描述(相量形式):

$$\begin{bmatrix} \dot{U}_1 \\ \dot{U}_2 \end{bmatrix} = \begin{bmatrix} 1 & 0 \\ 0 & -K \end{bmatrix} \begin{bmatrix} \dot{U}_2 \\ -\dot{I}_2 \end{bmatrix}$$

式中:K 为正实常数。

从上式可以看出,输入电压 $\dot{U}_1$ 经过传输后成为 $\dot{U}_2$,但 $\dot{U}_1$ 等于 $\dot{U}_2$,因此电压的大小和方向均没有改变;但是电流 $\dot{I}_1$ 经传输后变为 $K\dot{I}_2$ 且改变了方向。若在端口 $2-2'$ 接上阻抗 Z_L,如图 3.15 - 1 所示。则从端口 $1-1'$ 看进去的输入阻抗为 $Z_1 = \dfrac{\dot{U}_1}{\dot{I}_1} = \dfrac{\dot{U}_2}{K\dot{I}_2}$,因为 $\dot{U}_2 = -Z_L\dot{I}_2$,所以 $Z_1 = -\dfrac{Z_L}{K}$。

显然,输入阻抗 Z_1 是负载阻抗 Z_L 乘以 $\dfrac{1}{K}$ 的负值,这就是负阻抗变换器的功能。

(2)负阻抗变换器元件 $(-Z)$ 和普通的无源 R、L、C 元件 Z' 为串、并联连接时,等值阻抗的计算方法与无源元件的串、并联计算公式相同,即对于串联连接,有 $Z_串 = -Z + Z'$;对于并联连接,有 $Z_并 = \dfrac{-ZZ'}{-Z + Z'}$。

（3）本实验用线性运算放大器组成如图 3.15－2 所示的电路,在一定的电压、电流范围内可获得良好的线性度。

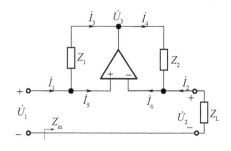

图 3.15－2　由线性运算放大器组成的负阻抗变换器电路

根据运放理论可知

$$\dot{U}_1 = \dot{U}_+ = \dot{U}_- = \dot{U}_2$$

又

$$\dot{I}_5 = \dot{I}_6 = 0, \dot{I}_1 = \dot{I}_3, \dot{I}_2 = -\dot{I}_4$$

因

$$Z_1 = \frac{\dot{U}_1}{\dot{I}_1}, \dot{I}_3 = \frac{\dot{U}_1 - \dot{U}_3}{Z_1}, \dot{I}_4 = \frac{\dot{U}_3 - \dot{U}_2}{Z_2} = \frac{\dot{U}_3 - \dot{U}_1}{Z_2}$$

$$\dot{I}_4 Z_L = -\dot{I}_3 Z_1, -\dot{I}_2 Z_2 = -\dot{I}_3 Z_1$$

所以

$$\frac{\dot{U}}{Z_L} Z_2 = -\dot{I}_1 Z_1$$

$$\frac{\dot{U}_2}{\dot{I}_1} = \frac{\dot{U}_1}{\dot{I}_1} = -\frac{Z_1}{Z_2} Z_L = -KZ_L$$

当 $Z_1 = R_1 = R_2 = Z_2 = 1\mathrm{k}\Omega$ 时,$K = \frac{Z_1}{Z_2} = \frac{R_1}{R_2} = 1$。

（1）若 $R_L = Z_L$,则 $Z_{in} = KZ_L = -R_L$;

（2）若 $Z_L = \frac{1}{\mathrm{j}\omega C}$,则 $Z_{in} = -KZ_L = -\frac{1}{\mathrm{j}\omega C} = \mathrm{j}\omega L$（令 $L = \frac{1}{\omega^2 C}$）;

（3）若 $Z_L = \mathrm{j}\omega L$,则 $Z_{in} = -KZ_L = \frac{1}{\mathrm{j}\omega C} = -\mathrm{j}\omega L$（令 $C = \frac{1}{\omega^2 L}$）。

由（2）、（3）可知,负阻抗变换器可以实现阻抗的变换。

三、参考实验设备

实验设备如表 3.15－1 所列。

表 3.15－1　实验设备

序　号	名　称	型号与规格	数　量	备　注
1	直流稳压电源		1	DG04
2	低频信号发生器		1	DG03
3	直流数字电压表		1	D31
4	交流毫伏表		1	

序　号	名　　称	型号与规格	数　量	备　注
5	双踪示波器		1	
6	可变电阻箱	$0 \sim 9999.9\Omega$	1	DG21
7	电容器	$0.1\mu F$	1	DG06
8	线性电感	100mH	1	DG06
9	电阻器	$1k\Omega$	1	DG06
10	负阻抗变换器 实验电路板			DG06

四、实验方法

1. 测量负电阻的伏安特性,计算电流增益 K 及等值负阻

实验线路如图 3.15 – 3 所示。

（1）调节负载电阻箱的电阻值,令 $R_L = 300\Omega$。

（2）在直流稳压电源的输出电压在表格中所示的不同值时,分别测量输入电压 U_1 及输入电流 I_1,数据记入表 3.15 – 2 中。

（3）令 $R_L = 600\Omega$,重复上述的测量。

（4）计算等效负阻。实测值为 $R_- = U_1/I_1$;理论计算值为 $R'_- = -KZ_L = -R_L$。

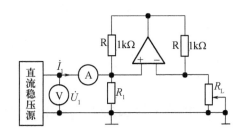

图 3.15 – 3　用电压表和电流表测量负电阻的电路

表 3.15 – 2　实验 15 数据记录表

$R_L = 300\Omega$	U_1/V	0.1	0.5	1	1.5	2	2.2	2.3	2.5
	I_1/mA								
	$R_-/k\Omega$								
$R_L = 600\Omega$	U_1/V	0.1	0.5	1	2	3	3.5	3.7	4.0
	I_1/mA								
	$R_-/k\Omega$								

（5）绘制负阻的伏安特性曲线 $U_1 = f(I_1)$。

2. 阻抗变换及相位观察

（1）按图 3.15 – 4 实验线路接线。

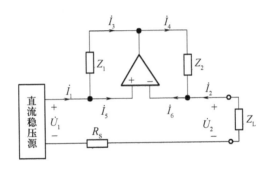

图 3.15 – 4　用示波器观察负电阻的实验电路

（2）图中的 $R_S = 200\Omega$ 为电流取样电阻，因为电阻两端的电压波形与流过电阻的电流波形相同，所以用示波器观察 R_S 上的电压波形就反映了电流 $\dot I_1$ 的相位。将电路中负阻抗变换器的负载电阻 R_L 换成 $1k\Omega$ 电阻和 $0.1\mu F$ 电容相串联的负载阻抗 Z_L，用示波器观察等效输入阻抗 Z_{in} 的伏安特性，用坐标纸记录波形。

（3）调节低频信号使 $U_1 \leqslant 3V$，改变信号源频率 $f = 500Hz \sim 2000Hz$，用毫伏表测出 $\dot U_1$ 和 $\dot U_{R_S}$ 的有效值；用双踪示波器观察 u_1 和 i_1 的相位差；计算等效输入阻抗并判断其性质。

五、实验注意事项

（1）有源器件的直流电源不能接错。

（2）防止运放输出端短路。

六、实验报告要求

（1）完成有关计算与绘制特性曲线。

（2）从实验结果中总结对负阻抗变换器的认识。

（3）本次实验的收获、心得体会等。

3.16　单相铁芯变压器特性的测试（综合实验）

实验预习要求

1. 复习有关变压器的基本理论，注意以下问题：

（1）为什么本实验将低压绕组作为原边进行通电实验？此时，在实验过程中应注意什么问题？

（2）为什么变压器的励磁参数一定是在空载实验加额定电压的情况下求出？

2. 在校园网上做该虚拟实验，模拟实验结果。

3. 试列出仪器清单，写出基本实验步骤，画出实验电路图。

一、实验目的

（1）通过测量，计算变压器的各项参数。

（2）学会测绘变压器的空载特性与外特性。

二、原理与说明

（1）如图 3.16 – 1 所示为测试变压器参数的电路，由各仪表读得变压器原边（AX 设为低压侧）的 U_1、I_1、P_1 及副边（ax 设为高压侧）的 U_2、I_2 并用万用表 R×1 挡测出原、副

绕组的电阻 R_1 和 R_2，即可算得变压器的各项参数值：

电压比　　$K_u = \dfrac{U_1}{U_2}$；电流比　　$K_i = \dfrac{I_2}{I_1}$；

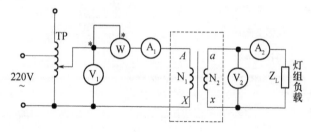

图 3.16 - 1　变压器参数的测试电路

原边阻抗　　$Z_1 = \dfrac{\dot{U}_1}{\dot{I}_1}$；副边阻抗　　$Z_2 = \dfrac{\dot{U}_2}{\dot{I}_2}$；

阻抗比 $= \dfrac{Z_1}{Z_2}$；负载功率 $P_2 = U_2 I_2 \cos\varphi_2$；损耗功率 $P_0 = P_1 - P_2$；

功率因数 $= \dfrac{P_1}{U_1 I_1}$；原边线圈铜耗 $P_{Cu1} = I_1^2 R_1$；

副边铜耗 $P_{Cu2} = I_2^2 R_2$，铁耗 $P_{FO} = P_0 - (P_{Cu1} + P_{Cu2})$。

（2）铁芯变压器是一个非线性元件，铁芯中的磁感应强度 B 决定于外加电压的有效值 U，当副边开路（即空载）时，原边的励磁电流 I_{10} 与磁场强度 H 成正比。变压器副边空载时，原边电压与电流的关系称为变压器的空载特性，这与铁芯的磁化曲线（$B - H$ 曲线）是一致的。空载实验通常是将高压侧开路，由低压侧通电进行测量，又因空载时功率因数很低，故测量功率时应采用低功率因数瓦特表，此外因变压器空载时阻抗很大，故电压表应接在电流表外侧。

（3）变压器的外特性测试。为了满足实验台上 3 组灯泡负载额定电压为 220V 的要求，故以变压器的低压（36V）绕组作为原边，220V 的高压绕组作为副边，即当作一台升压变压器使用。

在保持原边电压 U_1（36V）不变时，逐次增加灯泡负载（每只灯为 15W），测定 U_1、U_2、I_2 和 I_1，即可绘出变压器的外特性，即负载特性曲线 $U_2 = f(I_2)$。

三、参考实验设备

实验设备如表 3.16 - 1 所列。

四、实验方法

（1）用交流法判别变压器绕组的极性（参照实验 3.9）。

（2）按图 3.16 - 1 线路接线，（AX 为低压绕组，ax 为高压绕组）即电源经调压器接至低压绕组，高压绕组接 220V，15W 的灯组负载（用 3 只灯泡并联获得），经指导教师检查后方可进行实验。

表 3.16 – 1　实验设备

序　　号	名　　称	型号与规格	数　　量	备　　注
1	交流电压表		2	D33
2	交流电流表		2	D32
3	单相功率表		1	D34
4	实验变压器	220V/36 50W	1	DG08
5	自耦调压器		1	DG01
6	白炽灯	220V,15W	3	DG08

（3）将调压器手柄置于输出电压为零的位置（逆时针旋到底位置），然后合上电源开关，并调节调压器，使其输出电压等于变压器低压侧的额定电压 36V，分别测试负载开路及逐次增加负载至额定值，记下 5 个仪表的读数，记入自拟的数据表格，绘制变压器外特性曲线，实验完毕将调压器调到零位，断开电源。

（4）将高压线圈（副边）开路，确认调压器处在零位后，合上电源，调节调压器输出电压，使 U_1 从零逐次上升到 1.2 倍的额定电压（$1.2 \times 36V$），分别记下各次测得的 U_{10}，U_{20} 和 I_{10} 数据，记入自拟的数据表格，绘制变压器的空载特性曲线。

五、实验注意事项

（1）本实验是将变压器作为升压变压器使用，并用调节调压器提供原边电压 U_1，故使用调压器时应首先调至零位，然后才可合上电源，此外，必须用电压表监视调压器的输出电压，防止被测变压器输出过高电压而损坏实验设备，且要注意安全，以防高压触电。

（2）由负载实验转到空载实验时，要注意及时变更仪表量程。

（3）遇异常情况，应立即断开电源，待处理好故障后，再继续实验。

六、实验报告要求

（1）根据实验内容，自拟数据表格，绘出变压器的外特性和空载特性曲线。

（2）根据额定负载时测得的数据，计算变压器的各项参数。

（3）计算变压器的电压调整率 $\Delta U\% = \dfrac{U_{20} - U_{2N}}{U_{20}} \times 100\%$。

（4）心得体会及其他。

3.17　RC 选频网络特性测试（综合实验）

实验预习要求

1. 复习三相电路基本理论，注意以下问题：

（1）什么是 RC 串、并联电路的选频特性？当频率等于谐振频率时，电路的输出、输入有何关系？

（2）推导 RC 串并联电路的幅频、相频特性的数学表达式。

（3）根据电路参数，估算 RC 串、并联电路电路两组参数时的特定频率。

2. 在校园网上做该虚拟实验,模拟实验结果。

3. 试列出仪器清单,写出基本实验步骤,画出实验电路图。

一、实验目的

（1）熟悉文氏电桥电路的结构特点及其应用。

（2）学会用交流毫伏表和示波器测定文氏电桥电路的幅频特性和相频特性。

二、原理与说明

文氏电桥电路是一个 RC 的串、并联电路,如图3.17 – 1 所示,该电路结构简单,被广泛地用于低频振荡电路中作为选频环节,可以获得很高纯度的正弦波电压。

（1）将信号发生器的正弦输出信号作为图3.17 – 1的激励信号 U_i,并保持 U_i 值不变的情况下,改变输入信号的频率 f,用交流毫伏表测出输出端相应于各个频率点下的输出电压 U_o 的有效值,将这些数据画在以频率 f 为横轴, U_o 的有效值作为纵轴的坐标纸上,光滑的曲线连接这些点,该曲线就是上述电路的幅频特性曲线。但是,习惯上常常用归一化的方法描绘幅频特性曲线,用 $\dfrac{U_o}{U_i}$ 作为纵坐标,用频率 f 作为横坐标。文氏桥路的一个特点是其输出电压幅度不仅会随输入信号的频率而变,而且还会出现一个与输入电压同相位的最大值,如图3.17 – 2 所示。由电路分析得知,该网络的传递函数为

$$\beta = \frac{1}{3 + j(\omega RC - 1/\omega RC)}$$

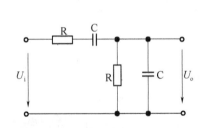

图 3.17 – 1   RC 选频电路

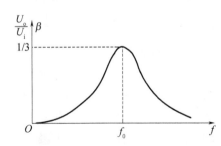

图 3.17 – 2   归一化的幅频特性曲线

当角频率 $\omega = \omega_0 = \dfrac{1}{RC}$ 时,则 $|\beta| = \dfrac{U_o}{U_i} = \dfrac{1}{3}$,此时 U_o 和 U_i 同相。由图3.17 – 2 可见,RC 串并联电路具有带通特性。

（2）将上述电路的输入和输出分别接到双踪示波器的 Y_A 和 Y_B 两个输入端,改变输入正弦信号的频率,观测相应的输入和输出波形间的时延 Δt 及信号的周期 T,则两波形间的相位差为

$$\phi = \frac{\Delta t}{T} \times 360° = \phi_o - \phi_i$$

（输出相位与输入相位之差）

将各个不同频率下的相位差 ϕ 画在以 f 为横轴, ϕ 为纵轴的坐标纸上,用光滑的曲线将这些点连接起来,即是被测电路的相频特性曲线,如图3.17 – 3 所示。

由电路分析得知,当 $\omega = \omega_0 = \dfrac{1}{RC}$,即 $f = f_0 = \dfrac{1}{2\pi RC}$ 时, $\phi = 0$,即 U_o 与 U_i 同相位。

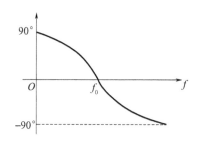

图 3.17 - 3 被测电路的相频特性曲线

三、参考实验设备

实验设备如表 3.17 - 1 所列。

表 3.17 - 1 实验设备

序　号	名　称	型号与规格	数　量	备　注
1	低频信号发生器		1	DG03
2	双踪示波器		1	D31
3	交流毫伏表		1	D31
4	RC 选频网络实验板		1	DG07

四、实验方法

1. 测量 RC 串并联电路的幅频特性

（1）在实验板上按图 3.17 - 1 电路选 $R = 1\text{k}\Omega$，$C = 0.1\mu\text{F}$。

（2）调节低频信号源的输出电压为 3V 的正弦波，接入图 3.17 - 1 的输入端。

（3）改变信号源的频率 f（由频率计读得），并保持 $U_i = 3\text{V}$ 不变，测量输出电压 U_o，（可选测量 $\beta = \dfrac{1}{3}$ 时的频率 f_0，然后再在 f_0 左右设置其他频率点，测量 U_o）。

（4）另选一组参数（如令 $R = 200\Omega$，$C = 0.22\mu\text{F}$），重复测量一组数据，填入表 3.17 - 2 中。

表 3.17 - 2 数据记录

f/Hz											
U_o/V											
$R = 1\text{k}\Omega, C = 0.1\mu\text{F}$											
U_o/V											
$R = 200\Omega, C = 0.22\mu\text{F}$											

2. 测量 RC 串并联电路的相频特性

按实验原理与说明（2）的内容、方法步骤进行，选定两组电路参数进行测量。实验数据填入表 3.17 - 3 中:

表 3.17 – 3　数据记录

f/Hz								
T/ms								
Δt/ms								
ϕ								
$R = 1\text{k}\Omega, C = 0.1\mu\text{F}$								
Δt/ms								
ϕ								
$R = 200\Omega, C = 2\mu\text{F}$								

五、实验注意事项

由于低频信号源内阻的影响,注意在调节输出频率时,应同时调节输出幅度,使实验电路的输入电压幅值保持不变。

六、实验报告要求

(1) 根据实验数据,绘制幅频特性和相频特性曲线,找出最大值,并与理论计算值比较。

(2) 讨论实验结果。

(3) 心得体会及其他。

3.18　RC 一阶电路的响应测试

实验预习要求

1. 复习一阶电路基本理论,注意以下问题:

(1) 什么样的电信号可作为 RC 一阶电路零输入响应、零状态响应和全响应的激励源?

(2) 已知 RC 一阶电器 $R = 10\text{k}\Omega, C = 0.1\mu\text{F}$,试计算时间常数 τ,并根据 τ 值的物理意义,拟定测量 τ 的方案。

(3) 何谓积分电路和微分电路? 它们在方波序列脉冲的激励下,其输出信号波形的变化规律如何? 这两种电路有何功用?

2. 在校园网上做该虚拟实验,模拟实验结果。

3. 试列出仪器清单,写出基本实验步骤,画出实验电路图。

一、实验目的

(1) 研究 RC 一阶电路的零输入响应、零状态响应及全响应的规律和特点。

(2) 学习电路时间常数的测量方法,了解电路参数对时间常数的影响。

(3) 掌握微分电路和积分电路的概念。

(4) 进一步学习用示波器观测波形。

二、原理与说明

(1) 动态网络的过渡过程是十分短暂的单次变化过程。要用普通示波器观察过渡过程和测量有关的参数,就必须使这种单次变化的过程重复出现。为此,我们利用信号发生器输出的方波来模拟阶跃激励信号,即利用方波输出的上升沿作为零状态响应的正阶跃激励信号;利用方波的下降沿作为零输入响应的负阶跃激励信号。通常只要选择方波的重复周期大于电路的时间常数 τ 的3倍,那么电路在这样的方波序列脉冲信号的激励下,它的响应就和直流电接通与断开的过渡过程是基本相同的。

(2) 图3.18-1(b)所示的RC一阶电路的零输入响应和零状态响应分别按指数规律衰减和增长,其变化的快慢取决于电路的时间常数 τ。

(3) 时间常数 τ 的测定方法。

用示波器测量零输入响应的波形如图3.18-1(a)所示。根据一阶微分方程的通解有 $u_C = U_m e^{-\frac{t}{\tau}} = U_m e^{-\frac{t}{RC}}$。当 $t = \tau$ 时,$u_C(\tau) = 0.368 U_m$,此时所对应的时间就等于 τ。亦可用零状态响应波形增加到 $0.632 U_m$ 所对应的时间测得,如图3.18-1(c)所示。

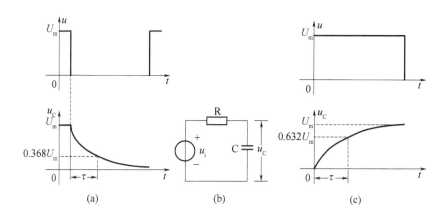

图3.18-1　RC一阶电路的零输入零状态响应
(a)零输入响应;(b)RC一阶电路;(c)零状态响应。

(4) 微分电路和积分电路是RC一阶电路中较典型的电路,它对电路元件参数和输入信号的周期有着特定的要求。一个简单的RC串联电路,在方波序列脉冲的重复激励下,当满足 $\tau = RC \ll \frac{T}{2}$ 时(T 为方波脉冲的重复周期),且由R两端的电压作为响应输出,则该电路就近似是一个微分电路。因为此时电路的输出信号电压与输入信号电压的微分成正比。如图3.18-2(a)所示,利用微分电路可以将方波转变成尖脉冲。

若将图3.18-2(a)中的R与C位置调换一下,如图3.18-2(b)所示,由C两端的电压作为响应输出,且当电路的参数满足 $\tau = RC \gg \frac{T}{2}$ 时,则该RC电路可称为积分电路。因为此时电路的输出信号电压与输入信号电压的积分成正比。利用积分电路可以将方波转变成三角波。

从输入输出波形来看,上述两个电路均起着波形变换的作用,请在实验过程中仔细观察与记录。

三、实验设备

实验设备如表3.18-1所列。

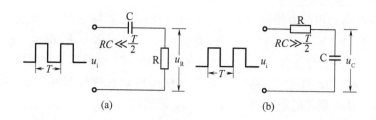

图 3.18-2 微积分电路

(a)微分电路;(b)积分电路。

表 3.18-1 实验设备

序 号	名 称	型号与规格	数 量	备 注
1	脉冲信号发生器		1	DG03
2	双踪示波器		1	
3	动态电路实验板		1	DG07

四、实验方法

熟悉实验线路板,应看清 R、C 元件的布局及其标称值,如图3.18-3所示,通过开关可切换不同的参数,改变时间常数。

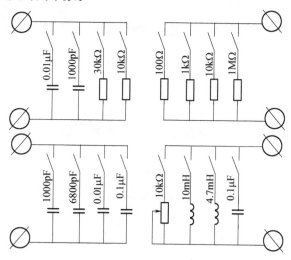

图 3.18-3 动态电路选频电路实验板

(1)从电路板上选 $R=10\text{k}\Omega$, $C=3300\text{pF}$ 组成如图 3.18-1(b)所示的 RC 充放电电路。u_i 为脉冲信号发生器输出的 $U_{P-P}=3\text{V}$, $f=1\text{kHz}$ 的方波电压信号,并通过两根同轴电缆丝,将激励源 u_i 和响应 u_C 的信号分别连至示波器的两个输入口 Y_A 和 Y_B。

(2)RC 一阶电路的充放电过程。①测量时间常数 τ。令 $R=10\text{k}\Omega$, $C=0.01\mu\text{F}$ 用示波器观察激励 u_i 与响应 u_C 的变化规律,测量并记录时间常数 τ,并用方格纸按 1:1 的比例描绘波形。②观察时间常数 τ(即电路参数 R 和 C)对暂态过程的影响。令 $R=10\text{k}\Omega$, $C=0.01\mu\text{F}$ 观察并描绘响应的波形,继续增大 C(取 $0.01\mu\text{F}\sim0.1\mu\text{F}$)或增大 R(取

$10k\Omega \sim 30k\Omega)$,定性地观察对响应的影响。

（3）微分电路和积分电路的内容。①积分电路如图 3.18 – 2（b）所示。在同样的方波激励信号$(U_{p-p} = 3V, f = 1kHz)$作用下，令 $R = 10k\Omega, C = 0.1\mu F$，用示波器观察并记录激励 u_i 与响应 u_C 的变化规律。②微分电路如图 3.18 – 2（a）所示。在同样的方波激励信号$(U_{p-p} = 3V, f = 1kHz)$作用下，将实验电路中的 R 和 C 元件位置互换，令 $R = 10\Omega, C = 0.01\mu F$，用示波器观察并记录激励 u_i 与响应 u_R 的变化规律。

五、实验注意事项

（1）调节电子仪器各旋钮时，动作不要过快、过猛。实验前，需熟读双踪示波器的使用说明书。观察双踪信号时，要特别注意相应开关、旋钮的操作与调节。

（2）信号源的接地端与示波器的接地端要连在一起（称共地），以防外界干扰而影响测量的准确性。

（3）示波器的辉度不应过亮，尤其是光点长期停留在荧光屏上不动时，应将辉度调暗，以延长示波器的使用寿命。

六、实验报告要求

（1）根据实验观测结果，在方格纸上绘出 RC 一阶电路充放电时 u_C 的变化曲线，由曲线测得 τ 值，并与参数值的计算结果作比较，分析误差原因。

（2）根据实验观测结果，归纳、总结积分电路和微分电路的构成条件，阐明波形变换的特征。

3.19　二阶动态电路响应的研究（综合实验）

实验预习要求

1. 复习动阶电路基本理论，注意以下问题：

（1）根据二阶电路实验电路元件的参数，计算出处于临界阻尼状态的 R_2 之值。

（2）在示波器荧光屏上，如何测得二阶电路零输入响应欠阻尼状态的衰减常数 α 和振荡频率 ω_d？

2. 在校园网上做该虚拟实验，模拟实验结果。

3. 试列出仪器清单，写出基本实验步骤，画出实验电路图。

一、实验目的

（1）学习用实验的方法来研究二阶动态电路的响应，了解电路元件参数对响应的影响。

（2）观察、分析二阶电路响应的 3 种状态轨迹及其特点，以加深对二阶电路响应的认识与理解。

二、原理与说明

一个二阶电路在方波正、负阶跃信号的激励下，可获得零状态与零输入响应，其响应的变化轨迹决定于电路的固有频率，当调节电路的元件参数值，使电路的固有频率分别为负实数、共轭复数及虚数时，可分别获得过阻尼，欠阻尼和临界阻尼 3 种响应。

简单而典型的二阶电路是一个 RLC 并联电路和 GCL 并联电路，这两者之间存在着对偶关系。

本实验仅对 RCL 并联电路进行研究。

三、参考实验设备

实验设备如表 3.19 - 1 所列。

表 3.19 - 1　实验设备

序　号	名　　称	型号与规格	数　量	备　注
1	脉冲信号发生器		1	DG03
2	双踪示波器		1	
3	动态实验电路板		1	DG07

四、实验方法

利用动态电路板中的元件与开关的配合作用,组成如图 3.19 - 1 所示的 RCL 并联电路。

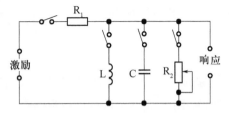

图 3.19 - 1　RCL 并联电路

令 $R_1 = 10\text{k}\Omega, L = 4.7\text{mH}, C = 1000\text{pF}, R_2$ 为 $10\text{k}\Omega$ 可调电阻,令脉冲信号发生器的输出为 $U_m = 1\text{V}, f = 1\text{kHz}$ 的方波脉冲,通过同轴电缆接至上图的激励端。同时用同轴电缆将激励端和响应输出接至双踪示波器的 Y_A 和 Y_B 两个输入口。

(1) 调节可变电阻器 R_2 之值,观察二阶电路的零输入响应和零状态响应由过阻尼过渡到临界阻尼,最后到欠阻尼的变化过程,分别定性地描绘、记录响应的典型变化波形。

(2) 调节 R_2 使示波器荧光屏上呈现稳定的欠阻尼响应波形,定量测定此时电路的衰减常数 a 和振荡频率 ω_d。

(3) 改变一组电路参数,如增、减 L 或 C 之值,重复步骤 2 的测量,并做记录。

随后仔细观察改变电路参数时 ω_d 与 a 的变化趋势,并做记录,填入表 3.19 - 2 中:

表 3.19 - 2　数据记录表

电路参数 实验次数	文　件　参　数				测　量　值	
	R_1	R_2	L	C	a	ω
1	$10\text{k}\Omega$	调至某一欠阻尼态	4.7mH	1000pF		
2	$10\text{k}\Omega$		4.7mH	$0.01\mu\text{F}$		
3	$30\text{k}\Omega$		4.7mH	$0.01\mu\text{F}$		
4	$10\text{k}\Omega$		10mH	$0.01\mu\text{F}$		

五、实验注意事项

（1）调节 R_2 时，要细心、缓慢，注意找准临界阻尼。

（2）观察双踪信号时，显示要稳定，如不同步，则可采用外同步法（看示波器说明）触发。

六、实验报告要求

（1）根据观测结果，在坐标纸上描绘二阶电路过阻尼、临界阻尼和欠阻尼的响应波形。

（2）测算欠阻尼振荡曲线上的 a 与 ω_d。

（3）归纳、总结电路元件参数的改变对响应变化趋势的影响。

（4）心得体会及其他。

3.20 有源滤波器的设计（自主研究型实验）

3.20 有源滤波器的设计（自主研究型实验）

实验预习要求：

1. 复习有源滤波器电路的相关知识，仔细阅读设计要求，思考如何根据滤波器的技术指标要求，选用合适的滤波器电路，设计出满足技术指标要求的滤波器。

2. 制定实验方案，选择实验仪器设备。

一、实验目的

（1）学习滤波器的设计方法。

（2）了解电容、电阻、Q 值对滤波器性能的影响。

二、设计要求

（1）根据滤波器的技术指标要求，选用滤波器电路，计算电路中各元件的数值。设计出满足技术指标要求的滤波器。

（2）根据设计与计算的结果，写出设计报告。

（3）制定出实验方案，选择实验用的仪器设备。

三、设计提示

有源滤波器的形式有好几种，下面只介绍具有巴特沃斯响应的二阶滤波器的设计。

巴特沃斯低通滤波器的幅频特性为：

$$|A_u(j\omega)| = \frac{A_{uo}}{\sqrt{1 + \left(\frac{\omega}{\omega_c}\right)^{2n}}} \qquad n = 1,2,3,\ldots \qquad (3-1)$$

写成：

$$\left|\frac{A_u(j\omega)}{A_{uo}}\right| = \frac{1}{\sqrt{1 + \left(\frac{\omega}{\omega_c}\right)^{2n}}} \qquad (3-2)$$

式中：A_{uo} 为通带内的电压放大倍数，ω_c 为截止角频率，n 称为滤波器的阶。从式（3-2）中可知，当 $\omega = 0$ 时，式（3-2）有最大值 1；$\omega = \omega_C$ 时，式（3-2）等于 0.707，即 A_u 衰减了 3dB；n 取得越大，随着 ω 的增加，滤波器的输出电压衰减越快，滤波器的幅频特性越接近

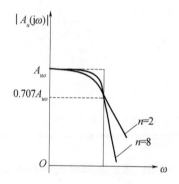

图 3.20 - 1 低通滤波器的幅频特性曲线

于理想特性,如图 3.20 - 1 所示。

当 $\omega \gg \omega_c$ 时,

$$\left| \frac{A_u(j\omega)}{A_{uo}} \right| \approx \frac{1}{\left(\dfrac{\omega}{\omega_c}\right)^n} \qquad (3-3)$$

曲线两边取对数,得:

$$20\lg \left| \frac{A_u(j\omega)}{A_{uo}} \right| \approx -20n\lg \frac{\omega}{\omega_c} \qquad (3-4)$$

此时阻带衰减速率为: $-20n$dB/十倍频或 $-6n$dB/倍频,该式称为衰减估算式。

表 3.20 - 1 列出了归一化的、n 为 1 阶 ~8 阶的巴特沃斯低通滤波器传递函数的分母多项式。

表 3.20 - 1 归一化的巴特沃斯低通滤波器传递函数的分母多项式

n	归一化的巴特沃斯低通滤波器传递函数的分母多项式
1	$s_L + 1$
2	$s_L^2 + \sqrt{2}s_L + 1$
3	$(s_L^2 + s_L + 1) \cdot (s_L + 1)$
4	$(s_L^2 + 0.76537s_L + 1) \cdot (s_L^2 + 1.84776s_L + 1)$
5	$(s_L^2 + 0.61807s_L + 1) \cdot (s_L^2 + 1.61803s_L + 1) \cdot (s_L + 1)$
6	$(s_L^2 + 0.51764s_L + 1) \cdot (s_L^2 + \sqrt{2}s_L + 1) \cdot (s_L^2 + 1.93185s_L + 1)$
7	$(s_L^2 + 0.44504s_L + 1) \cdot (s_L^2 + 1.24698s_L + 1) \cdot (s_L^2 + 1.80194s_L + 1) \cdot (s_L + 1)$
8	$(s_L^2 + 0.39018s_L + 1) \cdot (s_L^2 + 1.11114s_L + 1) \cdot (s_L^2 + 1.66294s_L + 1) \cdot (s_L^2 + 1.96157s_L + 1)$

在表 3.20 - 1 的归一化巴特沃斯低通滤波器传递函数的分母多项式中,$s_L = \dfrac{s}{\omega_c}$,$\omega_c$ 是低通滤波器的截止频率。

对于一阶低通滤波器,其传递函数:

$$A_u(s) = \frac{A_{uo}\omega_c}{s + \omega_c} \qquad (3-5)$$

归一化的传递函数:

$$A_u(s_L) = \frac{A_{uo}}{s_L + 1} \qquad (3-6)$$

对于二阶低通滤波器,其传递函数:

$$A_u(s) = \frac{A_{uo}\omega_c^2}{s^2 + \frac{\omega_c}{Q}s + \omega_c^2} \qquad (3-7)$$

归一化后的传递函数:

$$A_u(s_L) = \frac{A_{uo}}{s_L^2 + \frac{1}{Q}s_L + 1} \qquad (3-8)$$

由表 3.20 - 1 可以看出,任何高阶滤波器都可由一阶和二阶滤波器级联而成。对于 n 为偶数的高阶滤波器,可以由 $\frac{n}{2}$ 节二阶滤波器级联而成;而 n 为奇数的高阶滤波器可以由 $\frac{n-1}{2}$ 节二阶滤波器和一节一阶滤波器级联而成,因此一阶滤波器和二阶滤波器是高阶滤波器的基础。

有源滤波器的设计,就是根据所给定的指标要求,确定滤波器的阶数 n,选择具体的电路形式,算出电路中各元件的具体数值,安装电路和调试,使设计的滤波器满足指标要求,具体步骤如下:

(1) 根据阻带衰减速率要求,确定滤波器的阶数 n。

(2) 选择具体的电路形式。

(3) 根据电路的传递函数和表 3.20 - 1 归一化滤波器传递函数的分母多项式,建立起系数的方程组。

(4) 解方程组求出电路中元件的具体数值。

(5) 安装电路并进行调试,使电路的性能满足指标要求。

例 1 要求设计一个有源低通滤波器,指标为:

截止频率 $f_c = 1\text{kHz}$,

通带电压放大倍数:$A_{uo} = 2$,

在 $f = 10f_c$ 时,要求幅度衰减大于 30dB 。

设计步骤:

(1) 由衰减估算式: $-20n\text{dB}/+$ 倍频,算出 $n = 2$。

(2) 选择附录中图附 G - 1 电路作为低通滤波器的电路形式。

该电路的传递函数:

$$A_u(s) = \frac{A_{uo}\omega_c^2}{s^2 + \frac{\omega_c}{Q}s + \omega_c^2} \qquad (3-9)$$

其归一化函数:

$$A_u(s_L) = \frac{A_{uo}}{s_L^2 + \frac{1}{Q}s_L + 1} \qquad (3-10)$$

将上式分母与表 3.20 - 1 归一化传递函数的分母多项式比较得: $\frac{1}{Q} = \sqrt{2}$

通带内的电压放大倍数：

$$A_{uo} = A_f = 1 + \frac{R_4}{R_3} = 2 \qquad (3-11)$$

滤波器的截止角频率：

$$\omega_c = \frac{1}{\sqrt{R_1 R_2 C_1 C_2}} = 2\pi f_c = 2\pi \times 10^3 \qquad (3-12)$$

$$\frac{\omega_c}{Q} = \frac{1}{R_1 C_1} + \frac{1}{R_2 C_1} + (1 - A_{uo})\frac{1}{R_2 C_2} = 2\pi \times 10^3 \times \sqrt{2} \qquad (3-13)$$

$$R_1 + R_2 = R_3 // R_4 \qquad (3-14)$$

在上面四个式子中共有六个未知数，三个已知量，因此有许多元件组可满足给定特性的要求，这就需要先确定某些元件的值，元件的取值有几种：

① 当 $A_1 = 1$ 时，先取 $R_1 = R_2 = R$，然后再计算 C_1 和 C_2。

② 当 $A_1 \neq 1$ 时，取 $R_1 = R_2 = R$，$C_1 = C_2 = C$。

③ 先取 $C_1 = C_2 = C$，然后再计算 R_1 和 R_2。此时 C 必须满足：$C_1 = C_2 = C = \frac{10}{f_c}(\mu F)$

④ 先取 C_1，接着按比例算出 $C_2 = K C_1$，然后再算出 R_1 和 R_2 的值。

其中 K 必须满足条件：$K \leq A_f - 1 + \frac{1}{4Q^2}$

对于本例，由于 $A_1 = 2$，因此先确定电容 $C_1 = C_2$ 的值，即取：

$$C_1 = C_2 = C = \frac{10}{f_0}(\mu F) = \frac{10}{10^3}(\mu F) = 0.01 \mu F$$

将 $C_1 = C_2 = C$ 代入式(3-12)和式(3-13)，可分别求得：

$$R_1 = \frac{Q}{\omega_c C} = \frac{1}{2\pi \times 10^3 \times \sqrt{2} \times 0.01 \times 10^{16}} = 11.26 \times 10^3 \Omega$$

$$R_2 = \frac{1}{Q\omega_c C} = \frac{\sqrt{2}}{2\pi \times 10^3 \times 0.01 \times 10^{-6}} = 22.52 \times 10^3 \Omega$$

$$R_4 = A_f(R_1 + R_2) = 2 \times (11.26 + 22.52) \times 10^3 = 67.56 \times 10^3 \Omega$$

$$R_3 = \frac{R_4}{A_f - 1} = \frac{67.56 \times 10^3}{2 - 1} = 67.56 \times 10^3 \Omega$$

例2 要求设计一个有源高通滤波器，指标要求为：

截止频率 $f_c = 500 \text{Hz}$，

通带电压放大倍数为：$A_{uo} = 1$

在 $f = 0.1 f_c$ 时，要求幅度衰减大于 50dB。

设计步骤：

(1) 由衰减估算式：$-20n$dB/十倍频算出 $n = 3$。

(2) 选择附录中图附 G-3 电路再加上一级一阶高通滤波电路构成该高通滤波器。

如图 3.20-2 所示：

该电路的传递函数：

$$A_u(s) = A_{u1}(s) \cdot A_{u2}(s) = \frac{A_{uo1} s^2}{s^2 + \frac{\omega_{c1}}{Q}s + \omega_{c1}^2} \cdot \frac{A_{uo2} s}{s + \omega_{c2}} \qquad (3-15)$$

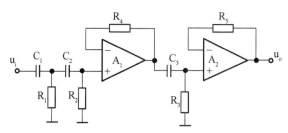

图 3.20 - 2　三阶压控电压源高通滤波器

将上式归一化：

$$A_u(s_L) = \frac{A_{uo}}{\left(1 + \dfrac{1}{Q}s_L + s_L^2\right) \cdot (1 + s_L)} \tag{3 - 16}$$

将上式分母与表 3.20 - 1 归一化传递函数的分母多项式比较得：$\dfrac{1}{Q} = 1$

因为通带内的电压放大倍数为：　　$A_{uo} = A_{uo1} \cdot A_{uo2} = 1$

所以取：　　　　　　　　　　$A_{uo1} = A_{uo2} = 1$

第一级二阶高通滤波器的截止角频率：

$$\omega_{c1} = \frac{1}{\sqrt{R_1 R_2 C_1 C_2}} = 2\pi f_c = 2\pi \times 500 = \omega_c \tag{3 - 17}$$

$$\frac{\omega_{c1}}{Q} = \frac{1}{R_2 C_1} + \frac{1}{R_2 C_2} + (1 - A_{uo1})\frac{1}{R_1 C_1} = 2\pi \times 500 \times 1 \tag{3 - 18}$$

第二级一阶高通滤波器的截止角频率：

$$\omega_{c2} = \frac{1}{R_3 C_3} = \omega_c = 2\pi f_c \tag{3 - 19}$$

上面三个式子中共有六个未知数，先确定其中三个元件的值，

取：　　　$C_1 = C_2 = C_3 = C = \dfrac{10}{f_c}(\mu F) = \dfrac{10}{500}(\mu F) = 0.02\mu F$

将 $C_1 = C_2 = C_3 = C$ 代入式（3 - 17）、式（3 - 18）和式（3 - 19），可求得：

$$R_1 = \frac{1}{2Q\omega_{c1}C} = \frac{1}{2 \times 1 \times 2\pi \times 500 \times 0.02 \times 10^{-6}} = 7.962 \times 10^3 \Omega$$

$$R_2 = \frac{2Q}{\omega_{c1}C} = \frac{2 \times 1}{2\pi \times 500 \times 0.02 \times 10^{-6}} = 31.85 \times 10^3 \Omega$$

$$R_3 = \frac{1}{\omega_{c2}C} = \frac{1}{2\pi \times 500 \times 0.02 \times 10^{-6}} = 15.92 \times 10^3 \Omega$$

为了达到静态平衡，减小输入偏置电流及其漂移对电路的影响：

取：　　　　　　　　　$R_4 = R_2 = 31.85 \times 10^3 \Omega$

$$R_5 = R_3 = 15.92 \times 10^3 \Omega$$

例 3　要求设计一个有源二阶带通滤波器，指标要求为：

通带中心频率 $f_0 = 500\mathrm{Hz}$

通带中心频率处的电压放大倍数：$A_{uo} = 10$

带宽：$\Delta f = 50\mathrm{Hz}$

设计步骤：

（1）选用附录中图附 G-6 电路。

（2）该电路的传输函数：

$$A_u(s) = \frac{A_{uo}\dfrac{\omega_o}{Q}s}{s^2 + \dfrac{\omega_o}{Q}s + \omega_o^2} \tag{3-20}$$

品质因数：

$$Q = \frac{f_0}{\Delta f} = \frac{500}{50} = 10 \tag{3-21}$$

通带的中心角频率：

$$\omega_o = \sqrt{\frac{1}{R_3 C^2}\left(\frac{1}{R_1} + \frac{1}{R_2}\right)} = 2\pi \times 500 \tag{3-22}$$

通带中心角频率 ω_o 处的电压放大倍数：

$$A_{uo} = -\frac{R_3}{2R_1} = -10 \tag{3-23}$$

$$\frac{\omega_o}{Q} = \frac{2}{CR_3} \tag{3-24}$$

取 $C = \dfrac{10}{f_0}(\mu F) = \dfrac{10}{500}(\mu F) = 0.02\mu F$，则：

$$R_1 = -\frac{Q}{CA_{uo}\omega_o} = -\frac{10}{0.02 \times 10^{-6} \times (-10) \times 2\pi \times 500} = 15.92 \times 10^3 \Omega$$

$$R_3 = \frac{2Q}{C\omega_o} = \frac{2 \times 10}{0.02 \times 10^{-6} \times 2\pi \times 500} = 318.5 \times 10^3 \Omega$$

$$R_2 = \frac{Q}{C\omega_o(2Q^2 + A_{uo})} = \frac{10}{0.02 \times 10^{-6} \times 2\pi \times 500 \times (2 \times 10^2 - 10)} = 838\Omega$$

例4 要求设计一个有源二阶带阻滤波器，指标要求为：

通带中心频率：$f_0 = 500Hz$

通带电压放大倍数：$A_{uo} = 1$

带宽：$\Delta f = 50Hz$

设计步骤：

（1）选用附录中图附 G-7 电路。

（2）该电路的传递函数：

$$A_u(s) = \frac{A_f\left(s^2 + \dfrac{1}{C^2 R_1 R_2}\right)}{s^2 + \dfrac{2}{R_2 C}s + \dfrac{1}{R_1 R_2 C^2}} = \frac{A_{uo}(\omega_o^2 + s^2)}{s^2 + \dfrac{\omega_o}{Q}s + \omega_o^2} \tag{3-25}$$

其中，通带的电压放大倍数：$A_f = A_{uo} = 1$

阻带中心处的角频率为：

$$\omega_o = \sqrt{\frac{1}{R_1 R_2 C^2}} = 2\pi f_0 = 2\pi \times 500 \tag{3-26}$$

品质因数：

$$Q = \frac{f_0}{\Delta f} = \frac{500}{50} = 10 \qquad (3-27)$$

阻带带宽：

$$BW = \frac{\omega_o}{Q} = \frac{2}{R_2 C} \qquad (3-28)$$

$$\frac{1}{R_3} = \frac{1}{R_1} + \frac{1}{R_2} \qquad (3-29)$$

取：$C = \frac{10}{f_0}(\mu F) = \frac{10}{500}(\mu F) = 0.02\mu F$，则：

$$R_1 = \frac{1}{2Q\omega_o C} = \frac{1}{2 \times 10 \times 2\pi \times 500 \times 0.02 \times 10^{-6}} = 796.2\Omega$$

$$R_2 = \frac{2Q}{\omega_o C} = \frac{2 \times 10}{2\pi \times 500 \times 0.02 \times 10^{-6}} = 318.5 \times 10^3 \Omega$$

$$R_3 = \frac{R_1 R_2}{R_1 + R_2} = \frac{796.2 \times 318.5 \times 10^3}{796.2 + 318.5 \times 10^3} = 794.2\Omega$$

四、设计步骤

1. 按以下指标要求设计滤波器,计算出电路中元件的值

(1) 设计一个低通滤波器,指标要求为：

截止频率：$f_c = 1kHz$

通带电压放大倍数：$A_{uo} = 1$

在 $f = 10f_c$ 时,要求幅度衰减大于 35dB。

(2) 设计一个高通滤波器,指标要求为：

截止频率：$f_c = 500Hz$，

通带电压放大倍数：$A_{uo} = 5$

在 $f = 0.1f_c$ 时,幅度至少衰减 30dB。

(3)（选作）设计一个带通滤波器,指标要求为：

通带中心频率：$f_0 = 1kHz$

通带电压放大倍数：$A_{uo} = 2$

通带带宽：$\Delta f = 100Hz$。

2. 将设计好的电路,在计算机上进行仿真

3. 按照所设计的电路,将元件安装在实验板上

4. 对安装好的电路按以下方法进行调整和测试

(1) 仔细检查安装好的电路,确定元件与导线连接无误后,接通电源。

(2) 在电路的输入端加入 $U_i = 1V$ 的正弦信号,慢慢改变输入信号的频率（注意保持 U_i 的值不变）,用晶体管毫伏表观察输出电压的变化,在滤波器的截止频率附近,观察电路是否具有滤波特性,若没有滤波特性,应检查电路,找出故障原因并排除之。

(3) 若电路具有滤波特性,可进一步进行调试。对于低通和高通滤波器应观测其截止频率是否满足设计要求,若不满足设计要求,应根据有关的公式,确定应调整哪一个元件才能使截止频率既能达到设计要求又不会对其他的指标参数产生影响。然后观测电压

放大倍数是否满足设计要求,若达不到要求,应根据相关的公式调整有关的元件,使其达到设计要求。

（4）当各项指标都满足技术要求后,保持 $U_i = 2V$ 不变,改变输入信号的频率,分别测量滤波器的输出电压,根据测量结果画出幅频特性曲线,并将测量的截止频率 f_c、通带电压放大倍数 A_{uo} 与设计值进行比较。

五、实验报告要求

按以下内容撰写实验报告:

（1）实验目的。

（2）根据给定的指标要求,计算元件参数,列出计算机仿真的结果。

（3）绘出设计的电路图,并标明元件的数值。

（4）实验数据处理,作出 $A_u \sim f$ 曲线图。

（5）对实验结果进行分析,并将测量结果与计算机仿真的结果相比较。

本 章 小 结

本章共 20 个实验项目,包括 8 个基础实验,它们分别是:电位、电压的测定及电路电位图的绘制,基尔霍夫定律和叠加定理的验证,电路元件伏安特性的测绘,电压源与电流源的等效变换,受控源的研究,三表法测量交流阻抗参数,RLC 串联谐振电路的研究,R、L、C 元件阻抗特性的测定,RC 一阶电路的响应测试。10 个综合实验分别是:有功率因数的提高与测量,互感电路测量,三相电路的研究,回转器,负阻抗变换器,单相铁心变压器特性的测试,RC 选频网络特性测试,二阶动态电路响应的研究。2 个自主研究型实验是:有源滤波器的设计、双口网络。

基础实验和综合实验不仅给出了详细的原理与说明,而且给出了包括实验线路在内的实验内容与步骤。而自主设计性实验、自主研究型实验的实验线路和实验方法要由学生自己来拟定。

为了便于预习,本章的每个实验都把与实验有关的仪器仪表和设备列出来。每个实验都给出了相应的预习要求,并编入了一些预习思考题,有利于学生对实验过程中出现的现象进行判断,以便于教师检查学生的预习情况。

习 题

1. 解释线性电阻、非线性电阻的概念。

2. 叠加定理是否适用于功率计算?

3. 在戴维南定理的实验中,如何测量短路电流 I_{sc}。

4. 简述测量有源二端网络等效电阻的几种方法。

5. 受控电源和独立电源在特点上有哪些不同? 在电路的分析中又有哪些不同?

6. 测量 R、L、C 单个元件的频率特性时,为什么要在实验电路中串联一个小电阻?

7. 为什么两瓦特表法可以测量三相三线制电路中负载所消耗的功率? 解释其中一

只功率表可能反转的原因。

8. 测量非正弦周期电流电路的平均功率可以用单相功率表吗？为什么？

9. RL 串联电路能否构成微分电路和积分电路？若能构成，其构成条件是什么？

10. 根据实验做出的 RC 充放电压 $u_C(t)$，说明改变 R 值对充放电过程的影响。

11. 提高接有感性负载的线路的功率因数，能否改变感性负载本身的功率因数？为什么？

12. 在感性负载的电路中串联适当的电容能够改变电压与电流之间的相位关系，但为什么不用串联电容的方法来提高功率因数？

13. 如果仅有一块电压表，如何应用"电流判别法"判断 RLC 串联电路是否发生谐振？

14. 直流、交流法测量感性无源二端网络参数时，若线圈为铁芯线圈，这种方法是否还适用？

15. 若耦合电感顺接时，其等效电感为 L_e，反接时，其等效电感为 L'_e，求该耦合电感的互感系数 M。

16. 具有耦合电感的两个线圈反接串联时，其中一个线圈的电压可能滞后该线圈的电流吗？为什么？

17. 依据什么条件将三相负载连接成星形或三角形？电源线电压分别为 380V 和 220V 时，若使负载额定电压为 220V，应采用何种连接？画出电路接线图。

18. 在三角形连接的对称负载实验中，如两相灯变暗，另一相灯正常，是什么原因？如果两相灯正常，一相灯不亮，又是什么原因？

第4章 LabVIEW 软件及应用

随着计算机科学及微电子技术的迅速发展与普及,虚拟仪器是计算机技术介入仪器领域所形成的一种新型的、富有生命力的仪器种类。虚拟仪器通过虚拟现实技术的人机交互功能灵活的控制仪器运行,完成对数据的采集、分析、判断、显示、存储及生成。它可利用虚拟仪器开发平台 LabVIEW 开发生成。

LabVIEW 是目前应用最广、发展最快、功能最强的图形化软件开发集成环境。利用虚拟仪器构建简易型虚拟实验系统,不同于一般多媒体软件对于实验现象的模拟演示,而是让学生在逼真的多媒体"虚拟场景"中,利用各种"虚拟元件或仪器仪表"任意搭接电路,并及时得到仿真结果,教师或学生可以在计算机上自主进行实验,并自动记录实验过程和结果,最终生成标准的电子实验报告。它可达到真实实验的效果,甚至达到真实实验所不能达到的效果。

但虚拟实验的实现是一项非常复杂的工作,在现有的条件下,虚拟实验是不可能完全代替实物实验的。实物实验过程中的元件参数分散性、误差以及噪声等现象是客观存在的,这对于培养学生的真切感受和创造性思维是至关重要的,必须给予足够的重视。

同时,随着网络技术的迅速发展,网络教学日益成为普及教育的有效手段。现在很多高校都建立了校园网并通过中国教育科研网与互联网相联,虚拟实验教学系统的建立可以充分利用校园网的资源,通过网络虚拟实验室,能够通过计算机在网络中模拟一些实验现象,它不仅仅能够提高远程教育的教学效果,更加重要的是一些缺乏实验条件的学员,通过网络能够"身临其境"的观察实验现象,甚至和异地的学生一起合作进行实验。

虚拟实验室可以说是教育领域应用信息技术的一种创新,允许人们访问和使用自己没有的设备资源,使得处于不同地理位置的学习者可以同时对一个实验项目进行实验工作,可以接触最新的仪器。概括地说,虚拟实验系统实现了两个目的:

(1)利用多媒体最大限度地虚拟实际实验的场景,包括:实验仪器,元器件等,并提供与实际实验的操作方法相类似的实践体验。

(2)运用仿真技术建立相应的模型,能准确地给出任意搭接电路的现象和结果。

同时,网络技术促进了以多媒体实时交互为特征的现代远程教育迅速开展,国内许多院校建立了现代远程教育学院,并已开始招生。国家新世纪网络课程建设工程项目也已启动,开发建设了一大批包含各专业的网络课程。我们在开发其中的《电路网络课程》的过程中注意到,网络课程不仅是电子图书和电子教案,对于与实验密切相关的众多大学课程,如果在学习过程中,没有实验的密切配合,网络课程的学习质量也难于得到保证。在网络条件下,如何解决实验与理论的配合问题将成为网络课程学习中需要解决的重要问题,这个问题对于电路课程尤其明显。

在网络课程学习过程中同时进行实验,无疑是最好的学习方式,但这种方法既不现实,也不可能。如在仪器分析课程中,对于大型精密贵重分析仪器,在校生也很难有机会接触。采用实验录像的方法,缺乏交互,没有给学生留下探索的空间,学生兴趣不大,效果不好。在网络课程学习中,实验的目的是为了配合理论学习,了解实验过程、仪器结构、原理及操作使用方法,为达到这些目的,采用虚拟实验室的方法将是解决问题的一条好途径。

因此,大力构建虚拟实验室系统是远程教育发展的必然趋势,具有很高的实用价值和重要的现实意义。不仅可以大大节约教育成本,实现教育资源的共享,也将带来远程教育领域的一个质的飞跃。虚拟实验室的建设不仅可以节约在实验教育方面的投入,更重要的是可以完善各院校现有的教学体系,提高院校的教学水平和教学质量,促进学生学习的自主性,培养和提高学生的动手能力和创新能力,它的建成将使院校实验教学的现代化建设迈上一个新的台阶。具有智能化、协同化和语音实时交互等功能的网络虚拟实验室软件的开发将是今后的发展方向。

实验:功率因数的提高与测量

一、实验目的

1. 理解提高功率因数的意义并掌握其方法;
2. 提高查找日光灯电路故障的方法。

二、实验原理

提高功率因数有非常重要的意义。我国供电营业规则提出:除电网有特殊要求的用户外,用户在当地供电企业规定的电网高峰负荷时的功率因数,应达到下列规定:100 千伏安及以上高压供电的用户功率因数为 0.90 以上。其他电力用户中大、中型电力排灌站、趸购转售电企业,功率因数为 0.85 以上。农业用电,功率因数为 0.80。

在用户中,一般感性负载很多,如日光灯,电动机,变压器等,其功率因数较低。当负载的端电压一定时,功率因数越低,输电线路上的电流越大,导线上的压降也越大,使输电线路电能损耗增加,传输效率降低,由此导致发电设备(电源)的容量得不到充分的利用。因此,提高负载端功率因数,对降低电能损耗,提高电源设备容量的利用率和传输效率有着重要作用。

三、算法实现

如图 4.1 – 1 所示电路,当电容 C 未并入前,负载为感性。

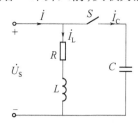

图 4.1 – 1　并联电容 C 后的负载

1. 直接法

负载的功率因数可以用三表法测出 U、I、P 后,由公式 $\cos\varphi = \dfrac{P}{UI}$ 计算得到。其中 P 为有功功率,即为电阻电阻消耗的功率,U、I 分别为有效值。

2. 间接法

$\lambda = \cos\phi = \dfrac{P}{S}$,其中 $S = \sqrt{P^2 + (Q_L - Q_c)^2}$,$Q_L$ 为电感 L 消耗的无功功率,Q_C 为补偿电容 C 消耗的无功功率。

四、实验内容与步骤

实验界面设计如图 4.1 - 2 和图 4.1 - 3 所示。

图 4.1 - 2 (a)界面制作

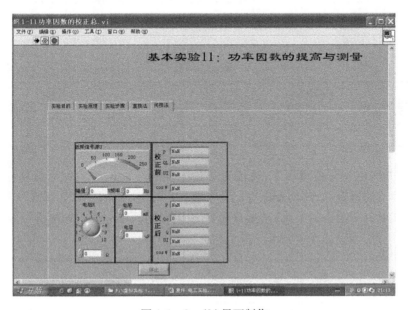

图 4.1 - 2 (b)界面制作

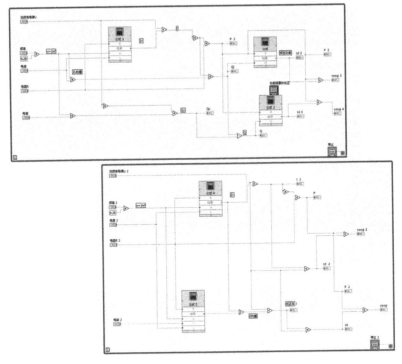

图 4.1 – 3   实验后面板

五、实验方法

(1) 不并入电容的情况下,在电源电压 U 为 220V 的情况下,测量日光灯电路、镇流器两端电压 U_L、灯管两端电压 U_D、总电流 I 及总功率 P。根据测量结果计算线路总阻抗 $|Z|$、总电阻 R、总功率因数 $\cos\varphi$ 等有关参数。将测量与计算结果一并记录于表 4.1 –1 中:

表 4.1 –1

测量值					计算值		
U/V	U_L/V	U_D/V	I/A	P/W	$\|Z\|$/Ω	R/Ω	$\cos\varphi$

(2) 在并联电容 C 的情况下,通过改变电容 C 值的大小,观察并测量总电流 I、电容电流 I_C、灯管支路电流 I_D,将测量数扮记录于表 4.1 –2 中。测量时,先观察一下总电流的变化规律,找到其中最小的一点(谐振点),作为中间点,再在中间点两侧进行测量。

表 4.1 –2

C/μF				谐振点 C/μF				
I/A								
I_C/A								
I_D/A								

六、实验要求和注意事项

由于是虚拟实验，没有实际实验中电压过高所带来的安全隐患，学生可以自行模拟日光灯电路在不同电压条件下情况，并测量各部分电压值。

篇幅的关系，以下就不再一一介绍每个实验的实现过程了。

本 章 小 结

在电工虚拟实验室，学生可以突破时空的限制在计算机上完成各种实验，获得与真实实验不一样的体会，从而丰富感性认识，加深对教学内容的理解，这样有利于合理地、规范地利用资源，充分发挥高校实验室在高素质人才培养上的功能和作用。高校应加强虚拟实验室建设，还应注意以下几个问题：（1）加强配套措施建设；（2）实现 Labview – Multisim 混合编程，用 Multisim 软件设计更多虚拟实验；（3）进一步加强实验室的网络化建设，加强与国内其他高校实验室的联系、交流和互通；（4）逐步走软件和硬件相互结合的道路，软件与 ELVIS 硬件检测平台相结合，使得实验项目、内容以及形式更加多样化。

第 5 章　Pspice 电路仿真软件介绍及应用

5.1　Pspice 初步

一、Pspice 分析过程

Pspice 仿真分析电路的过程如图 5.1-1 所示。

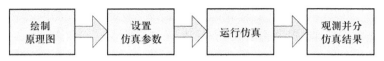

图 5.1-1　Pspice 仿真分析电路的过程

二、绘制原理图

1. Capture 操作环境

Capture 有 3 个主要工作窗口,如图 5.1-2 所示。

(1)专案管理视窗。管理与原理图相关的一系列文件,相当于资源管理器。

(2)Schematic 窗口。原理图窗口,相当于一张图纸。

(3)信息查看窗口。用于显示相关操作的提示或出错信息。

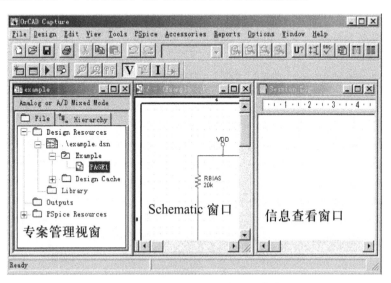

图 5.1-2　Capture 的 3 个主要工作窗口

2. 新建 Project(Create a Design Project)

Capture 的 Project 是用来管理相关文件及属性的。新建 Project 的同时,Capture 会自动创建相关的文件,如 DSN、OPJ 文件等,根据创建的 Project 类型的不同,生成的文件也不尽相同。根据不同后续处理的要求,新建 Project 时必须选择相应的类型。Capture 支持

4 种不同的 Project 类型。在菜单栏中选择 file > New > Project，如图 5.1 - 3 所示。

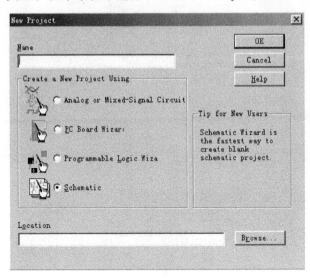

图 5.1 - 3　新建任务窗口

3. 开始绘制电路图

新建 Project 后，进入 Schematic 窗口，如图 5.1 - 4 所示。

图 5.1 - 4　原理图绘制窗口

（1）Place Part（放置器件）。在 Capture 中，调用器件非常方便，即使不清楚器件在库中的名称，也可以很容易查找并调出使用。使用 Capture CIS 还可以让通过 Internet 到 Cadence 的数据库（包含 1 万多个器件信息）里查找器件。点击 Place Part 快捷按钮或点击 Place > Part 将调出如下对话框，如图 5.1 - 5 所示；点击 Part Search…按钮，调出下面的器

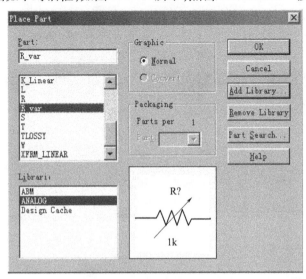

图 5.1 - 5　放置器件窗口

件搜索对话框,如图 5.1-6 所示。

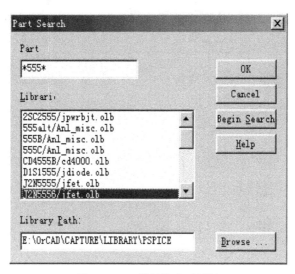

图 5.1-6　器件搜索对话框

（2）连线及放置数据总线（Place Wire or Bus）。点击 Place Wire（或 Place Bus）按钮进入连线（或放置数据总线）状态,此时鼠标变成十字形,移动鼠标,点击左键即可开始连线（或放置数据总线）。连线时,在交叉而且连接的地方会有一个红点提示,如果需要在交叉的地方添加连接关系,点击 Place Junction,把鼠标移动到交叉点并点击左键即可。放置数据总线后,点击 Place Bus Entry 按钮,放置数据总线,引出管脚,管脚的一端要放在数据总线上。

（3）放置网络名称（Place Net Name）。点击 Place Net Alias 按钮,调出 Place Net Alias 对话框,在 Alias 对话框中输入要定义的名称,然后点击 OK 退出对话框,把鼠标移动到要命名的连线上,点击鼠标左键即可。注意:数据总线与数据总线的引出线一定要定义网络名称。

（4）放置电源和地（Place Power or GND）。

（5）添加文字（Place Text）。点击 Place Text… 按钮,系统弹出如下对话框,如图 5.1-7所示。

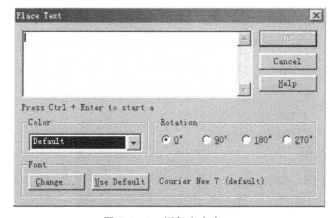

图 5.1-7　添加文字窗口

116

4. 在使用 Pspice 时绘制原理图应该注意的地方

（1）新建 Project 时应选择 Analog or Mixed-Signal Circuit。

（2）调用的器件必须有 Pspice 模型。首先,调用 OrCAD 软件本身提供的模型库,这些库文件存储的路径为 Capture\Library\Pspice,此路径中的所有器件都有提供 Pspice 模型,可以直接调用。其次,若使用自己的器件,必须保证 *.olb、*.lib 两个文件同时存在,而且器件属性中必须包含 Pspice Template 属性。

（3）原理图中至少必须有一条网络名称为 0,即接地。

（4）必须有激励源。原理图中的端口符号并不具有电源特性,所有的激励源都存储在 Source 和 SourceTM 库中。

（5）电源两端不允许短路,不允许仅由电源和电感组成回路,也不允许仅由电源和电容组成的割集。解决方法:电容并联一个大电阻,电感串联一个小电阻。

（6）最好不要使用负值电阻、电容和电感,因为他们容易引起不收敛。

5. 仿真参数设置

1）Pspice 能够仿真的类型

在 OrCAD Pspice 中,可以分析的类型有以下 8 种,各种分析类型的定义如下所述。

（1）直流分析。当电路中某一参数(称为自变量)在一定范围内变化时,对自变量的每一个取值,计算电路的直流偏置特性(称为输出变量)。

（2）交流分析。作用是计算电路的交流小信号频率响应特性。

（3）噪声分析。计算电路中各个器件对选定的输出点产生的噪声等效到选定的输入源(独立的电压或电流源)上。即计算输入源上的等效输入噪声。

（4）瞬态分析。在给定输入激励信号作用下,计算电路输出端的瞬态响应。

（5）基本工作点分析。计算电路的直流偏置状态。

（6）蒙特卡罗统计分析。为了模拟实际生产中因元器件值具有一定分散性所引起的电路特性分散性,Pspice 提供了蒙特卡罗分析功能。进行蒙特卡罗分析时,首先根据实际情况确定元器件值分布规律,然后多次"重复"进行指定的电路特性分析,每次分析时采用的元器件值是从元器件值分布中随机抽样,这样每次分析时采用的元器件值不会完全相同,而是代表了实际变化情况。完成了多次电路特性分析后,对各次分析结果进行综合统计分析,就可以得到电路特性的分散变化规律。与其他领域一样,这种随机抽样、统计分析的方法一般统称为蒙特卡罗分析(取名于赌城 Monte Carlo),简称为 MC 分析。由于 MC 分析和最坏情况分析都具有统计特性,因此又称为统计分析。

（7）最坏情况分析:蒙特卡罗统计分析中产生的极限情况即为最坏情况。

（8）参数扫描分析:是在指定参数值的变化情况下,分析相对应的电路特性。

（9）温度分析:分析在特定温度下电路的特性。

对电路的不同要求,可以通过各种不同类型仿真的相互结合来实现。

2）建立仿真描述文件

在设置仿真参数之前,必须先建立一个仿真参数描述文件,点击 📄 或 Pspice > New Simulation Profile,系统弹出如下对话框,如图 5.1－8 所示。

输入 Name,选择 Create,系统将接着弹出如下对话框,如图 5.1－9 所示。

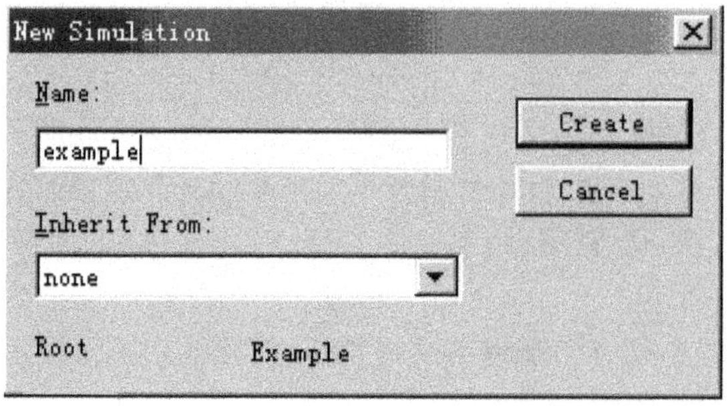

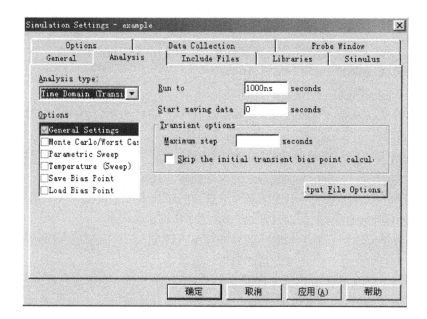

图 5.1-8　建立仿真描述文件窗口

图 5.1-9　设置仿真参数窗口

在 Analysis Type 中,可以有以下 4 种选择。

(1) Time Domain(Transient):时域(瞬态)分析。

(2) DC Sweep:直流分析。

(3) AC Sweep/Noise :交流/噪声分析。

(4) Bias Point:基本偏置点分析。

在 Options 选项中可以选择在每种基本分析类型上要附加进行的分析,其中 General Setting 是最基本的必选项(系统默认已选)。

3) 设置和运行 DC Sweep

点击 或 Pspice > Edit Simulation Profile,调出 Simulation Setting 对话框,在 Analysis Type 中选择 DC Sweep,在 Options 中选中 Primary Sweep,如图 5.1-10 所示。

Sweep Variable:直流扫描自变量类型。

Voltage Source:电压源。

Current Source:电流源。

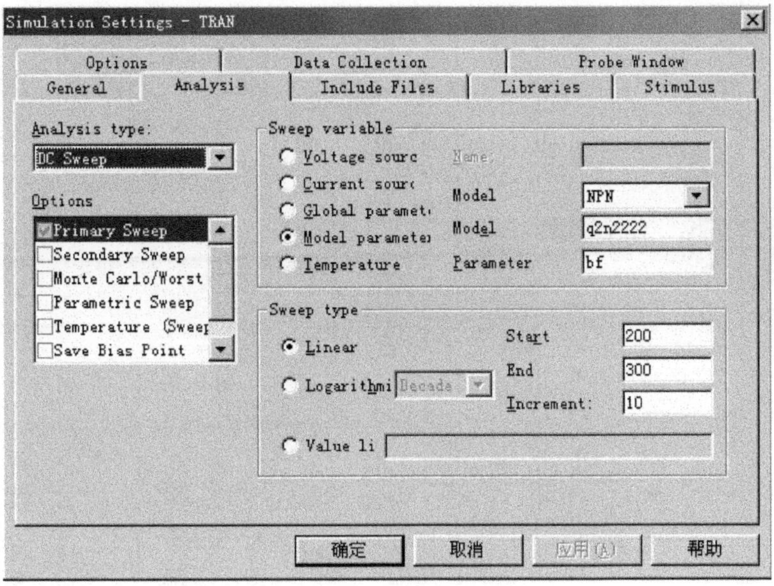

图 5.1－10　直流扫描设置窗口

必须在 Name 里输入电压源或电流源的 Reference,如"V1"、"I2"。

Global Parameter:全局参数变量。

Model Parameter:以模型参数为自变量。

Temperature:以温度为自变量。

Parameter:使用 Global parameter 或 Model parameter 时参数名称。

Sweep Type:扫描方式。

Linear:参数以线性变化。

Logarithmic:参数以对数变化。

Value List:只分析列表中的值。

Start:参数线性变化或以对数变化时分析的起始值。

End:参数线性变化或以对数变化时分析的终止值。

Increment、Points/Decade、Points/Octave:参数线性变化时的增量,以对数变化时倍频的采样点。

4) 设置和运行 AC Sweep

点击 ▱ 或 Pspice > Edit Simulation Profile,调出 Simulation Setting 对话框,在 Analysis Type 中选择 AC Sweep/Noise,在 Options 中选中 General Settings,如图 5.1－11 所示。

AC Swee PType:其中参数的含义与 DC Sweep 的 Swee PType 中的参数含义一样。

Noise Analysis:噪声分析。

Enabled:在 AC Sweep 的同时是否进行 Noise Analysis。

Output:选定的输出节点。

I/V:选定的等效输入噪声源的位置。

Interval:输出结果的点频间隔。

119

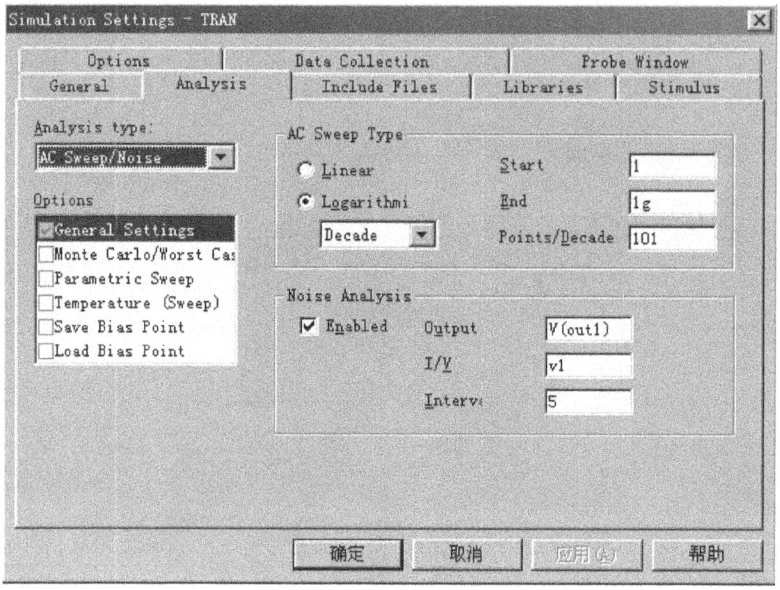

图 5.1 - 11　交流扫描设置窗口

5）设置和运行瞬态分析（Time Domain（Transient））

点击 □ 或 Pspice > Edit Simulation Profile，调出 Simulation Setting 对话框，在 Analysis Type 中选择 Time Domain（Transient），在 Options 中选中 General Settings，如图 5. 1 – 12 所示。

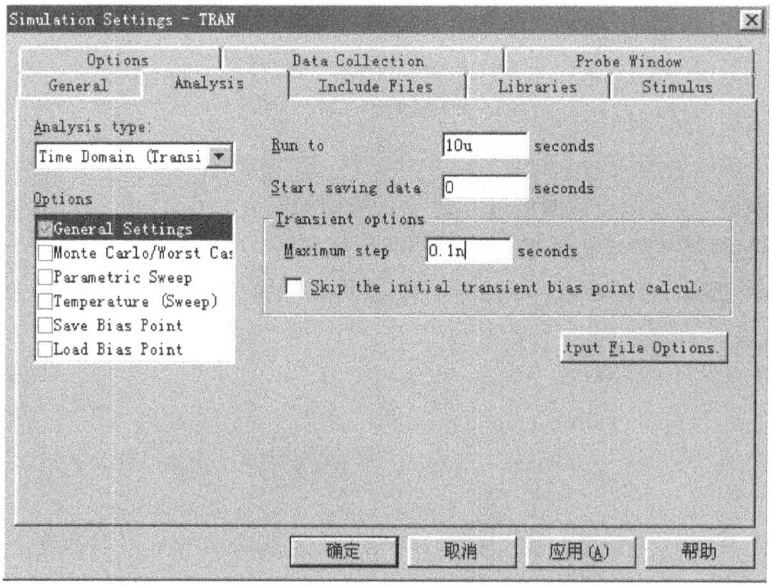

图 5.1 – 12　瞬态分析设置窗口

Run To：瞬态分析终止的时间。

Start Saving Data：开始保存分析数据的时刻。

Maximum Step：允许的最大时间计算间隔。

Ski Pthe Initial Transient Bias Point Calculation：是否进行基本工作点运算。

Output File Options：控制输出文件内容，点击后弹出如下对话框，如图 5.1 – 13 所示。

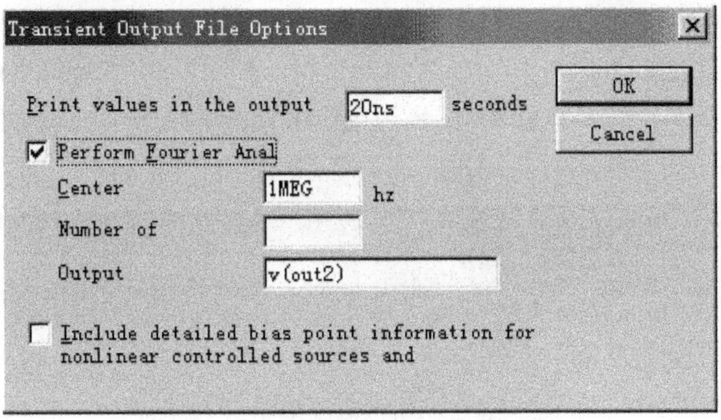

图 5.1 – 13　瞬态输出文件选项窗口

Output：用于确定需对其进行傅里叶分析的输出变量名。

Number of Harmonics：用于确定傅里叶分析时要计算到多少次谐波。Pspice 的内定值是计算直流分量和从基波一直到 9 次谐波。

Center：用于指定傅里叶分析中采用的基波频率，其倒数即为基波周期。在傅里叶分析中，并非对指定输出变量的全部瞬态分析结果均进行分析。实际采用的只是瞬态分析结束前由上述基波周期确定的时间范围的瞬态分析输出信号。由此可见，为了进行傅里叶分析，瞬态分析结束时间不能小于傅里叶分析确定的基波周期。

6）设置和运行参数分析（Parametric Sweep）

点击🗔或 Pspice > Edit Simulation Profile，调出 Simulation Setting 对话框，在 Analysis Type 中选择 Time Domain（Transient），在 Options 中选中 Parametric Sweep，如图 5.1 – 14 所示。

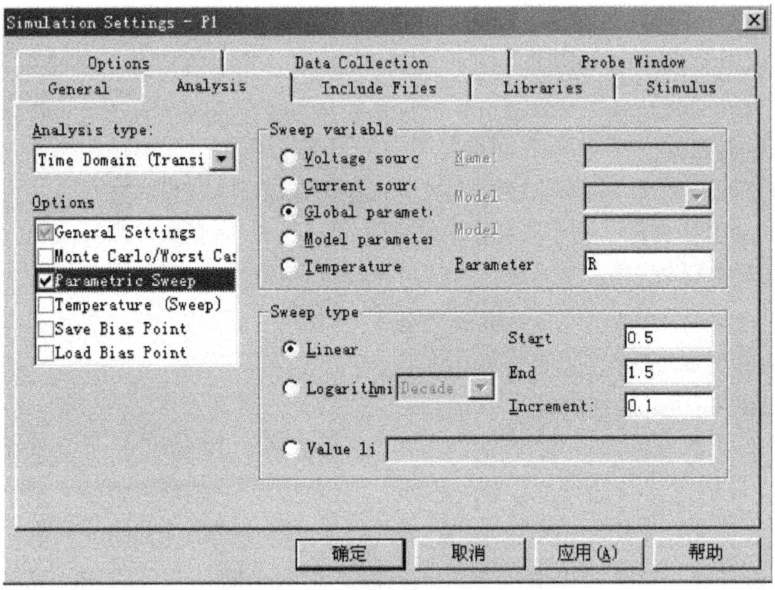

图 5.1 – 14　参数分析的设置窗口

121

参数分析的设置方法与 DC Sweep 的设置方法完全一样,只是在 DC Sweep 时,把电路中的电感短路、电容开路。

7）温度分析 Temperature（Sweep）

点击□或 Pspice > Edit Simulation Profile,调出 Simulation Setting 对话框,在 Analysis Type 中选择 AC Sweep/Noise,在 Options 中选中 Temperature（Sweep）,如图 5.1 – 15 所示。

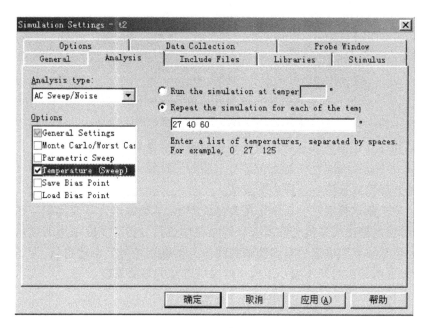

图 5.1 – 15　温度分析设置窗口

6. Pspice 中的任选项设置（OPTIONS）

1）作用

为了克服电路模拟中可能出现的不收敛问题,同时兼顾电路分析的精度和耗用的计算机时间,并能控制模拟结果输出的内容和格式,Pspice 软件提供了众多的任选项供用户选择设置。根据设置内容的不同,可将这些任选项分为两类。一类属于选中型任选项,用户只需选中该任选项,即可使其在模拟分析中起作用,无需赋给具体数值。另一类为赋值型任选项,对这类任选项,系统均提供有内定值。

2）任选项的设置方法

点击□或 Pspice > Edit Simulation Profile,调出 Simulation Setting 对话框,选中 Options,窗口弹出如下对话框,如图 5.1 – 16 所示。

3）Analog Simulation 任选项

（1）基本任选参数。包括:①RELTOL,设置计算电压和电流时的相对精度。②VNTOL,设置计算电压时的精度。③ABSTOL,设置计算电流时的精度。④CHGTOL,设置计算电荷时的精度。⑤GMIN,电路模拟分析中加于每个支路的最小电导。⑥ITL1,在 DC 分析和偏置点计算时以随机方式进行迭代次数上限。⑦ITL2,在 DC 分析和偏置点计算时根据以往情况选择初值进行的迭代次数上限。⑧ITL4,瞬态分析中任一点的

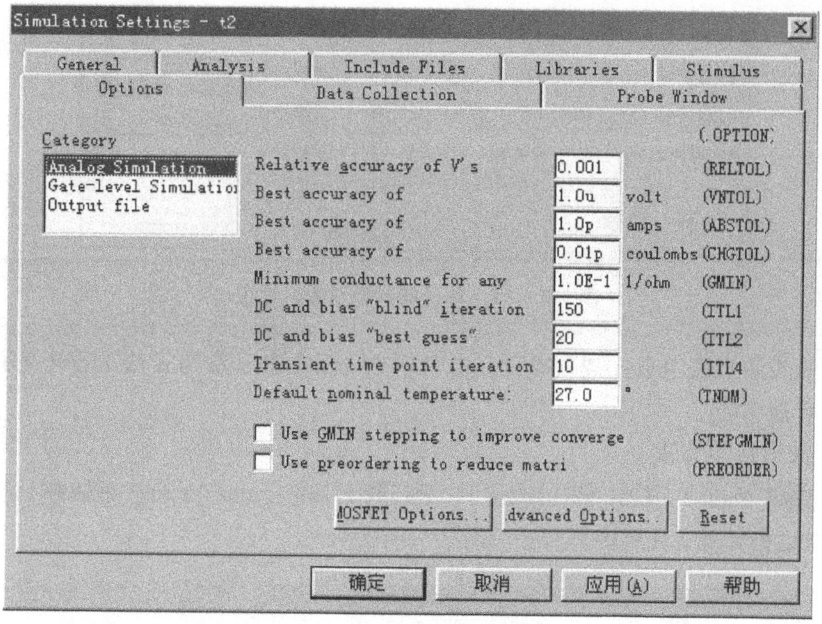

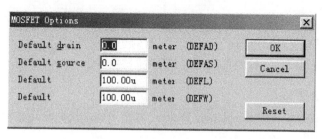

图5.1-16 任选项的设置窗口

迭代次数上限,注意,在 Pspice 程序中有 ITL3 任选项,Pspice 软件中则未采用 ITL3。⑨TNOM,确定电路模拟分析时采用的温度默认值。⑩use GMIN stepping to improve convergence,在出现不收敛的情况时,按一定方式改变 GMIN 参数值,以解决不收敛的问题。

（2）与 MOS 器件参数设置有关的任选项。在图 5.1-16 中按"MOSFET Options…"按钮,屏幕上出现下图所示任选项参数设置框,其中包括 4 项与 MOS 器件有关的任选项,如图 5.1-17 所示。①DEFAK,设置模拟分析中 MOS 晶体管的漏区面积 AD 内定值;②DEFAS,设置模拟分析中 MOS 晶体管的源区面积 AS 内定值;③DEFL,设置模拟分析中 MOS 晶体管的沟道长度 L 内定值;④DEFW,设置模拟分析中 MOS 晶体管的沟道宽度 W 内定值。

图5.1-17 与 MOS 器件有关的任选项设置窗口

（3）Advanced Options 参数设置。按" Advanced Options"按钮,屏幕上出现下图所示任选项参数设置框,如图 5.1-18 所示。①ITL5,设置瞬态分析中所有点的迭代总次数上限,若将 ITL5 设置为 0（即内定值）表示总次数上限为无穷大。②PIVREL,在电路模拟分析中需要用主元素消去法求解矩阵议程。求解议程过程中,允许的主元素与其所在列最

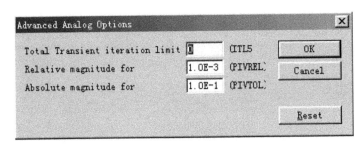

图 5.1 - 18　任选项参数设置对话框

大元素比值的最小值由本任选项确定。③PIVTOL,确定主元素消去法求解矩阵议程时允许的主元素最小值。

7. 置波形显示方式

点击 ▣ 或 Pspice > Edit Simulation Profile,调出 Simulation Setting 对话框,选择 Probe Window,对话框如图 5.1 - 19 所示。

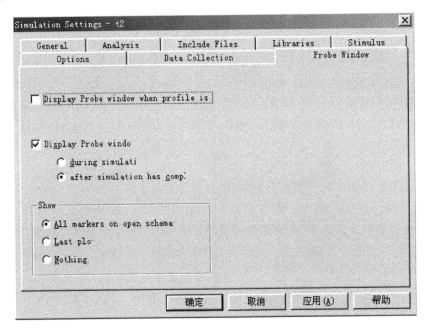

图 5.1 - 19　波形显示设置窗口

8. 数据保存选项

点击 ▣ 或 Pspice > Edit Simulation Profile,调出 Simulation Setting 对话框,选择 Data Collection,对话框如图 5.1 - 20 所示。

9. 分析并处理波形

图 5.1 - 21 是 Pspice 专门用来显示和处理波形的工具窗口,所有对波形的分析与处理,都是由它来完成。

10. 模型编辑

在 Pspice 中,为了方便用户修改器件模型,提供了一个模型编辑器(PSpice Model Edi-

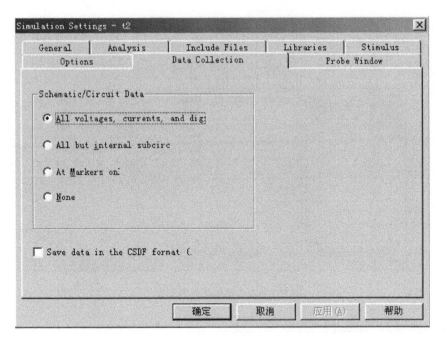

图 5.1 - 20　数据保存选项窗口

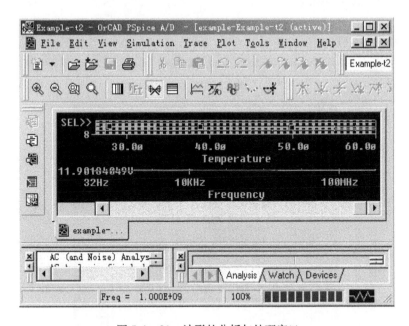

图 5.1 - 21　波形的分析与处理窗口

tor),通过 Pspice Model Editor,也可以新建自己的模型。

1) 编辑器件模型

在 Capture 的 Schematic 中,选中需要编辑的器件,点击 Edit > Pspice Model,系统将会自动到 Pspice 的模型库中查找该器件的模型,并弹出窗口,如图 5.1 - 22 所示;通过修改窗口中的文本,并保存退出,即已经修改了该模型。但是修改后的模型只对该设计起作

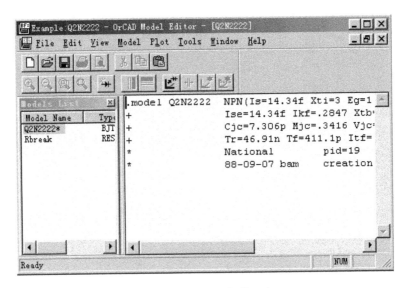

图 5.1-22 编辑器件模型窗口

用,并不会影响到 Pspice 的仿真库。

　　另外一种方法是直接从开始菜单中打开 Pspice Model Editor,然后直接打开相对应的库文件,选中相应的器件然后开始修改,这样将会直接影响以后该器件的模型。

　　2)新建器件模型

　　从开始菜单中打开 Pspice Model Editor,从菜单 Model > New,系统弹出对话框,如图 5.1-23所示。

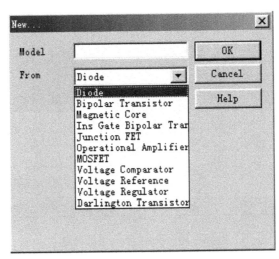

图 5.1-23 新建器件模型窗口

　　在 Model 中输入模型名称,点击 OK,即会出现如下窗口,如图 5.1-24 所示。

　　可以通过 View 菜单中的 Normal 或 Model Text 选择以波形或文本的形式来编辑器件模型。

126

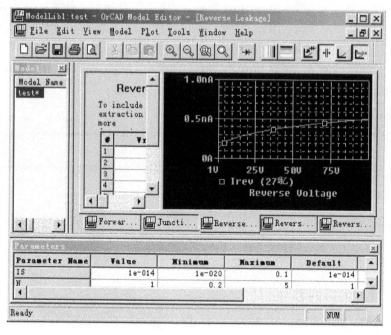

图 5.1 - 24　窗口

5.2　电路的频率特性与选频电路的仿真

一、实验目的

（1）学习使用 Pspice 软件仿真分析电路的频率特性。

（2）掌握用 Pspice 软件进行电路的谐振分析方法。

（3）了解耦合谐振的电路特点。

二、原理与说明

（1）在用相量法作电路的正弦稳态分析时,元件用复阻抗 Z 表示,复阻抗 Z 不仅与元件参数有关,还与电源的频率有关。电路的电压、电流不仅与电源的有效值有关,还与电源的频率有关,输出电压、电流的傅里叶变换与输入电压源、电流源的傅里叶变换之比称为电路的频率特性。

（2）在正弦稳态电路中,对于含有电感 L 和电容 C 的无源一端口网络,若端口电压和端口电流同相位,则称该网络发生了谐振。谐振既可以通过调节电源的频率产生,也可以通过调节电容元件或电感元件的参数产生,电路处于谐振时,局部会得到高于电源电压（或电流）数倍的局部电压（或电流）。

（3）进行频率特性和选频电路的仿真时,采用交流扫描分析,在 Probe 中观测波形,测量所需数值;还可以改变电路或元件参数,通过计算机辅助分析,设计出满足性能要求的电路。

三、实验任务

1. 电路频率特性的仿真分析

（1）在 Capture 中创建电路图如图 5.2 - 1 所示。

（2）单击"Pspice"→"New Simulation Profile"建立仿真参数描述文件对于正弦电路分析选择"AC Sweep"，"AC Swee PType"选择"Linear"，"Start、End、Total"根据具体情况设置。

（3）单击"PSpice"→"Run"运行仿真程序，可以得到交流扫描分析的结果波形。

（4）为了得到数值结果，可以在仿真结果窗口中单击"Trace"→"Cursor"→"Display"，然后单击"Plot"→"Label"→"Mark"，显示坐标数据。

2．电路谐振的研究

（1）在 Capture 中编辑电路图如图 5.2 - 2 所示。

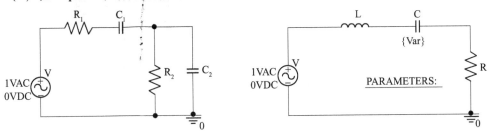

图 5.2 - 1 选频电路　　　　　　　图 5.2 - 2 串联谐振电路

（2）单击"Pspice"→"New Simulation Profile"建立仿真参数描述文件对于正弦电路分析选择"AC Sweep"，"AC Swee PType"选择"Linear"，"Start、End、Total"根据具体情况设置。因为要调整电源的频率发生谐振，因此扫描参数的设置要多次反复调整和运行，使电路发生谐振，才能获得谐振波形。

（3）单击"Pspice"→"Run"运行仿真程序，可以得到交流扫描分析的结果波形。

（4）为了得到数值结果，可以在仿真结果窗口中单击"Trace"→"Cursor"→"Display"，然后单击"Plot"→"Label"→"Mark"，显示坐标数据。

也可以通过调整电容或电感元件的参数产生谐振，此时步骤（1）（3）（4）相同，步骤（2）的设置为"AC Swee PType"选择"Linear"，"Start、End"设置为电源频率，"Total"设置为1；选中列表框中"Parametric Sweep"，在"Swee Pvariable"中选择"Global Parameter"，"Parameter"设置为"Var"，"Swee PType"选择"Linear"，"Start、End、Increment"分别设置为变量的初值、终值和步长。

返回 Capture，将电容或电感参数设置为{Var}，从元件库中取出"Param"放置在电路图空白处，双击 Param 弹出属性表，增加变量 Var 并设置初值。

四、实验要求

（1）复习 Pspice 的有关内容，总结正弦稳态电路分析时的操作步骤和方法。

（2）按本次实验要求，设计使用 Pspice 软件的操作步骤。

（3）对本次实验电路预先作理论分析计算，将有利于谐振频率的确定。

（4）分析 RLC 串联电路发生谐振的条件，谐振时参数之间的基本关系。

5.3　回转器电路的设计仿真实验

一、实验目的

（1）进一步学习使用 Pspice 软件进行电路的计算机辅助设计。

（2）用 Pspice 进行回转器的辅助设计。

（3）用间接测量的方法测量回转器的回转系数。

（4）加深对回转器的理解,熟悉和掌握回转器的基本应用。

二、原理与说明

原理与说明参见本书的 3.14 节相关内容。

回转器具有"回转"阻抗的功能,如果在回转器的输出端 $2-2'$ 接上负载阻抗 Z_L,则回转器的输入端 $1-1'$ 的等效阻抗 Z_{in} 由其伏安特性推导可得

$$Z_{in} = r^2/Z_L$$

（1）当 $Z_L = R_L$ 时, $Z_{in} = r^2/R_L$ 为纯电阻,回转器的回转电阻为 $r = \sqrt{Z_{in}R_L}$。

（2）当 Z_L 为电容元件时, $Z_L = -j1/\omega C$,输入阻抗为

$$Z_{in} = \frac{r^2}{-j1/\omega C} = j\omega C r^2 = j\omega L_{eq}$$

式中: Z_{in} 为纯电感;等效电感 $L_{eq} = r^2 C$。

回转器可以将电容"回转"成为电感的这一特性非常有用,可以实现用集成电路制作电感。

（3）当 Z_L 为电感元件时,回转器同样可以将电感"回转"为电容。

三、实验任务

1. 回转器的电路设计

回转器的设计实现电路如图 5.3-1 所示。可以看出,该回转器电路是由两个负阻抗变换器电路组成的。因此,用类似的负阻抗变换器分析方法,可以推导出电路的回转电阻 $r = R$。

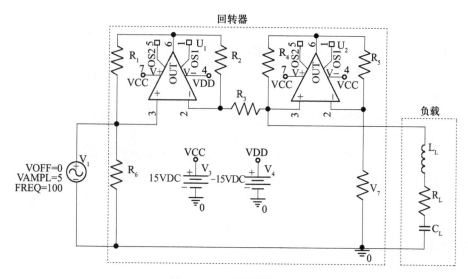

图 5.3-1　回转器实现电路

（1）取 $R_1 = R_2 = R_3 = R_4 = R_5 = R_6 = R_7 = Z_L = 1k\Omega$,用 Pspice 软件仿真分析,求出其回转电阻 r。

（2）取 $R_1 = R_2 = R_3 = R_4 = R_5 = R_6 = R_7 = 100\Omega$,任意选择 Z_L 的值,用 Pspice 软件分

析,求出其回转电阻 r。

2. 用回转器实现电感 11

（1）取 $R_3 = R_6 = R_7 = 100\Omega$，$Z_L = (-j5)\Omega$，频率 $f = 100Hz$ 的正弦波信号为回转器的输入端的输入信号;用 Pspice 软件仿真分析,求出其输入阻抗 Z_{in}。

（2）用正弦波电压信号做回转器的输入电源,$f = 1000Hz$，$R_1 = R_2 = R_3 = R_4 = R_5 = R_6 = R_7 = 100\Omega$，负载阻抗 Z_L 用 30Ω 电阻和 $1\mu F$ 电容相串联;用 Pspice 软件仿真分析,在电路的输入端设置"电流打印机标识符",输出 $1-1'$ 端口的电流相量;求出输入阻抗 Z_{in}，判断其性质。

（3）试设计一个 RLC 串联电路,其中的电感是用回转器将电容"回转"为电感的。用 Pspice 软件对所设计的电路进行"AC Sweep…"分析,研究该电路的频率特性,并确定电路的谐振频率。

四、实验要求

（1）阅读 Pspice 的相关内容和实验原理与说明,完成回转器电路的辅助设计任务。

（2）画出仿真分析和设计所需的具体电路、元件和参数。

（3）拟定本仿真分析和设计实验的步骤及需要采集的数据。

（4）研究理论与仿真分析和设计结果之间的误差及产生的原因,寻找改进的方法。

（5）思考能否用 Pspice 的扫描分析方法,确定图 5-27 所示回转器的回转电阻 r 与图中的电阻 R_0 或电阻 R 的关系,试拟定操作步骤并进行仿真。

5.4　负阻抗变换器电路的仿真实验

一、实验目的

（1）学习使用 Pspice 进行电路的设计,培养用仿真软件设计、调试电路的能力。

（2）用 Pspice 进行负阻抗变换器的辅助设计。

（3）分析负阻抗变换器的输入阻抗和其负载阻抗的关系,用间接测量的方法测量负阻抗变换器的参数。

（4）加深对负阻抗变换器的理解,熟悉和掌握负阻抗变换器的基本应用。

二、原理与说明

负阻抗变换器（NIC）是一个有源二端口元件,一般用运算放大器组成,可分为电压反相型和电流反相型两种类型。

当负阻抗变换器的负载阻抗为 Z_L 时,从其输入端看进去的输入阻抗 Z_{in} 为负载阻抗的负值,即 $Z_{in} = -Z_L$。

三、实验任务

1. 负阻抗变换器的电路设计

选用如图 5.4-1 所示的电路。

（1）选择 $R_1 = R_2 = R_L = 1k\Omega$，去掉电感 L_L、电容 C_L，用 Pspice 软件仿真分析,求出其输入阻抗 Z_{in}。

（2）选择频率为 $100Hz$ 的正弦电源,其有效值可以自己选定,$R_1 = R_2 = 10\Omega$，负载去

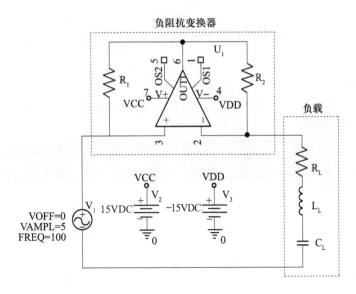

图 5.4 - 1 负阻抗变换器的电路

掉电感 L_L，变为电容与电阻的串联，取阻抗为 $Z_L = (5 - j5)\,\Omega$，用 Pspice 软件仿真分析，求出其输入阻抗 Z_{in}。

（3）选择正弦电源的频率 $f = 1000\,Hz$，$R_1 = R_2 = 100\,\Omega$，负载去掉电容 C_L，变为电阻与电感的串联，取阻抗为 $Z_L = (3 + j4)\,\Omega$，用 Pspice 软件仿真分析，求出其输入阻抗 Z_{in}。

2. 用负阻抗变换器仿真负电阻

用如图 5.4 - 1 所示的负阻抗变换器电路实现一个等效负电阻。

（1）选择元件参数，用"Bias Point Detail"仿真分析该电路，求出该电路的节点电压和元件电流。

（2）从结果分析等效负电阻元件伏安特性，观察是否满足负电阻特性。

（3）设电源电压为扫描变量，用"DC Sweep…"仿真分析该电路，在 Probe 中观测用负阻抗变换器仿真的"负电阻"的电压和电流曲线，并确定两者之间的函数关系。

3. 用负阻抗变换器仿真电感

用如图 5.4 - 1 所示的负阻抗变换器电路实现一个等效电感，将其与 R、C 元件串联，组成 RLC 串联电路。

（1）选择元件参数，用"AC Sweep…"仿真分析该电路，确定其谐振频率。

（2）将电阻设为扫描变量，并定义为 var，再仿真分析该电路，确定电阻为何值时发生串联谐振。

四、实验要求

（1）阅读原理与说明，设计实验中所用的相关电路和元件参数。

（2）预先设计好实验的电路，并确定用 Pspice 进行仿真分析和设计的步骤和方法。

（3）分析理论和仿真分析结果之间的误差及产生的原因，寻找进一步改进的办法。

（4）思考负阻抗变换器的"负阻抗"特性有哪些应用。

（5）思考是否可以采用其他的电路制作负阻抗变换器。

5.5 二阶电路的仿真实验

一、实验目的

（1）进一步学习 Pspice 仿真软件的使用方法,即绘制电路图、符号参数和分析类型的设置、Probe 窗口的设置等。

（2）用 Pspice 对一般二阶电路进行仿真,加深对二阶电路动态过程的理解。

（3）学习相平面图的绘制方法,并以相平面图为依据判断二阶电路动态过程。

二、原理与说明

原理和说明参见 3.19 节的相关内容。在不含有冲激激励、也不含有电容回路和电感节点的电路中,动态电路中的电容电压和电感电流是不会跃变的,它们是时间的连续函数,因此又常常将它们作为"状态变量"来处理。二阶电路一定包含有两个独立的动态元件,也就有两个状态变量,分别以这两个状态变量作为横坐标和纵坐标的平面常称为"相平面"。在给定的初始条件下,两个状态变量随时间变化的轨迹形成相平面上的一条曲线,称为相轨迹或状态轨迹。

Pspice 软件具有强大的仿真分析和绘图功能,只要在 Schematics 环境下绘制编辑电路、选择分析类型、就可以在 Probe 中观测输出变量或状态变量的波形,并可以进行测量。

三、实验任务

试用 Pspice 软件分析如图 5.5 – 1 所示的 RLC 串联电路,要求如下。

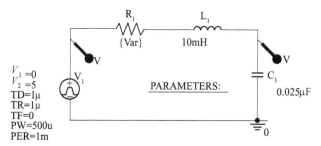

图 5.5 – 1　二阶电路的仿真实验图

（1）观察 RLC 串联电路的方波响应,实验电路参数为:$f = 1\text{kHz}$, $R_1 = 5\text{k}\Omega$, $L_1 = 10\text{mH}$, $C_1 = 0.025\mu\text{F}$。改变电阻 R 值,观察电路在欠阻尼、过阻尼和临界阻尼时,$u_C(t)$ 波形的变化,大致找出临界阻尼时的电阻值。

（2）测出欠阻尼情况下的振荡周期 T 和电容两端相邻的两个峰值电压 u_{C1m}、u_{C2m},计算出此时的振荡周期 ω 和衰减常数 δ,并与电路实际参数比较。

（3）画出欠阻尼、过阻尼和临界阻尼 3 种情况的状态轨迹。

四、仿真实验步骤

（1）绘制如图 5.5 – 1 所示电路图并设置参数,定义文件名并存盘。为观察 V_1 和 V_{c1} 的波形,选择"Pspice"→"Markers"→"Voltage Level"取出电压输出标识,信号源 V_1 采用 VPULSE 脉冲型电压源,电压源的参数意义及设置如图 5.5 – 2 所示。

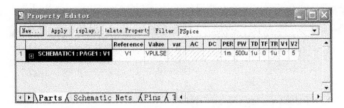

图 5.5 - 2 电压源的参数意义及设置

（2）分析类型选"Time Domain"和"Parametric Sweep"，瞬时分析的参数设置如图 5.5 - 3所示，参数扫描分析参数设置如图 5.5 - 4 所示。

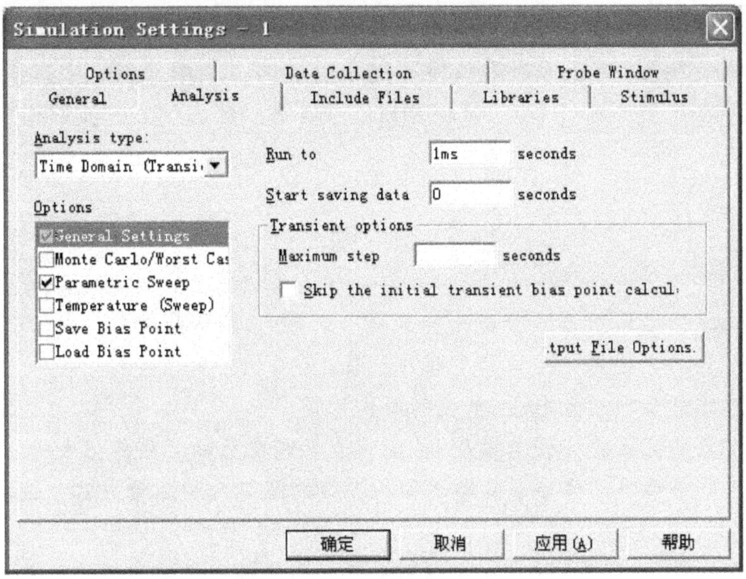

图 5.5 - 3 瞬时分析的参数设置

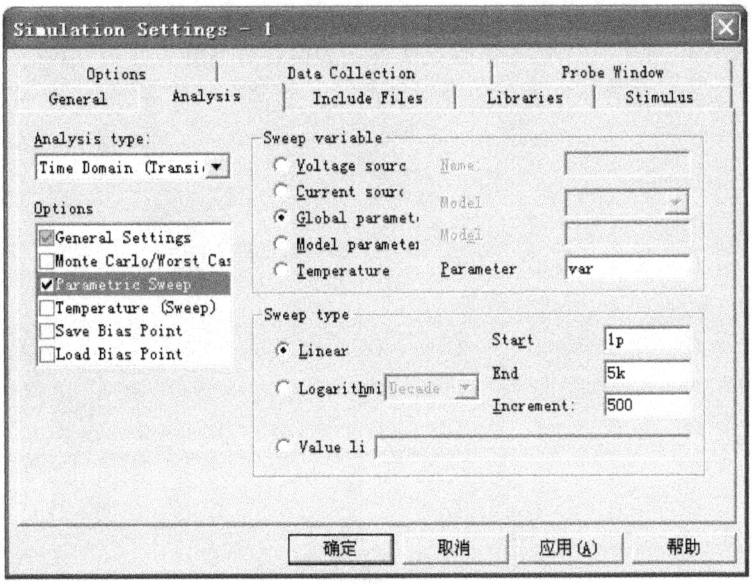

图 5.5 - 4 参数扫描分析参数设置

（3）对实验所用的电路作理论分析计算，用以检验 Pspice 仿真计算的结果。

（4）在实验任务中，若 $u_s(t) = 0$、$u_C(t) = 1\text{V}$，分析状态轨迹随电阻变化的规律，从状态轨迹判断电路是过阻尼还是欠阻尼工作状态。

本 章 小 结

Pspice 是一种功能强大的电路仿真软件。本章介绍了 Pspice 的特点，用户界面、如何创建电路图，并且列举了几个仿真实例。

Pspice 提供了电路设计过程中所需要的各种元器件符号和绘图手段，可以直接在 Pspice 的编辑器中设计电路图。利用 Pspice 的电路分析功能，可以测试电路的各项性能指标，测试电路在高温、高压等极端条件下的承受能力。利用 Pspice 中提供的各种观测标识符，可以观测电路图中任意点、任何变量以及各种函数表达式的波形和数据。

习 题

1. 用 Pspice 做电路仿真实验与传统实验方式相比，其优势在哪里？

2. 简述用 Pspice 创建一个电路的操作过程。

3. 简述连接电路和测量电压、电流的操作过程。

4. 简述节点法的实验步骤与操作，并说明节点电位是如何测量出来的。

5. 确定无源一端口网络 a、b 两端之间的等效电阻有几种测量方法？试叙述用 Pspice 测量方法的基本操作过程。

6. 简述测量有源一端口网络 a、b 两端之间的开路电压的基本操作。

7. 简述测量有源一端口网络 a、b 两端之间的短路电流的基本操作。

8. 简述二阶动态电路的仿真中，瞬态分析的特点和操作过程。

9. 简述电路的频率特性和选频电路的仿真实验的特点和操作过程。

10. 简述负阻抗变换器电路的仿真实验的特点和操作过程。

第6章 电路故障诊断技术

故障诊断是一门新兴学科,故障诊断学科由故障诊断理论和故障诊断技术两部分组成。故障诊断理论主要研究故障诊断方法和被测对象的可测试性,故障诊断技术则是研究实现故障诊断的技术手段。由于科学技术的迅速发展,目前电路的集成度越来越高,电子设备越来越复杂,造成使用中故障难以维修,维修费用越来越高。根据美国国防部的统计,典型的武器系统中维修费用高达67%,采购费用为23%,而研制经费只占10%;在我国,维修费用为80%,采购费用为14%,而研制经费只占6%。在电子产品的实际制造和使用维修中,传统的人工诊断技术已不能满足复杂的需要,为了提高产品的品质和完善维修技术,人们提出了使用计算机来实现故障诊断,从而促进了故障诊断理论的发展。继网络分析、网络综合之后,电路故障诊断形成了网络理论的一个新的分支。这3个理论分支的对比关系可以从表6.0-1中看出。

表6.0-1 网络理论三大分支的特点

特点 项目 类别	激 励	拓扑结构	元件参数	响 应	解的唯一性
网络分析	已知(给定)	已知	已知	待求	唯一
网络综合	已知(给定)	待求	待求	已知(给定)	不唯一
故障诊断	已知(可选)	已知	待求(部分已知)	已知(可测)	要求唯一

在世界范围内,在部分高科技产品采购价格大幅度增长的同时,维修使用费上升至设备投资费用的 $\frac{1}{4}$ 乃至 $\frac{1}{3}$ 。众所周知,由于可靠性、维修性不佳,装置设备发生故障,成为维修使用费用剧增的重要因素。我国是发展中国家,必须使用有限的资金发展民用产品和军事装备。因此,大力发展设备装置的故障诊断技术、提高产品效能和防止故障发生具有特别重要的意义,它将给我们带来巨大的经济效益和社会效益。

6.1 模拟电路的故障诊断

一、基本概念

电路或者系统丧失规定的功能称为故障。电路可划分为模拟电路和数字电路两大类,故障诊断理论相应地有模拟电路故障诊断和数字电路故障诊断。故障诊断理论有5类问题:故障检测、故障隔离、故障辨别、故障预测和故障可测性分析。一个好的电路系统,不仅要考虑功能的实现,而且要使得它易于维护。在模拟电路诊断领域常使用下列概念和名词。

故障仿真:通过仿真计算,求出在假设故障情况下电路中的某些状态(如电压、电流)。

故障检测:确定电路是否处于故障状态。

故障定位:确定电路中故障的具体位置。根据不同的要求,定位的范围可以是子网络、元件、节点或支路等。

故障定值:确定电路中故障元件参数的实际值。定值往往需要较大的计算量。

软故障:偏差故障,即元件的参数随着时间或环境条件而偏移,并超过了该元件参数的容差范围。

硬故障:结构性故障,即故障元件的参数发生极端的变化,例如短路、开路、元件失效等。

单故障:电路中只有一个元件或一个参数发生故障。

多故障:电路中同时有两个或两个以上的元件或参数发生故障。

可测端口(可及节点):电路中可以被测试设备连接和测试的端口。

单激励:对电路只激励并测试一次。

多激励:对电路进行多次独立的激励并测试多次。

二、模拟电路故障诊断方法简介

模拟电路故障诊断的方法有多种,对这些方法的分类可以从不同的角度进行,如图6.1-1所示。目前常依据电路的仿真是在实际测试的前后来划分。如按故障诊断的环境区分,可分为在线诊断和离线诊断两种。在线诊断时不中断生产线或测试线的运行,因此也称为实时诊断;其他方式的诊断均称为离线诊断。如果对电路的仿真是在现场测试之前实施,则称为测前仿真法;电路的仿真在现场测试之后实施,则称为测后仿真法。故障诊断的主要计算工作量多集中在对电路作仿真,因此测前(后)模拟诊断的工作量集中在现场测试之前(后)。显而易见测前模拟诊断更易于作实时诊断。本文所用的方法为测前仿真法。

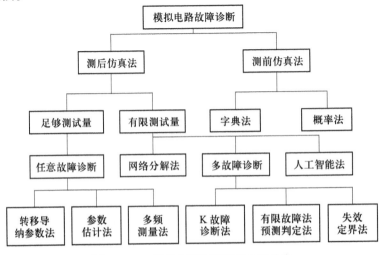

图6.1-1 模拟电路故障诊断方法分类

不论哪种故障诊断方法都包括信号测量、特征提取、标准特征建库和比较识别诊断4个部分。

1. 测前仿真法

测前仿真法的典型方法是故障字典法。故障字典法首先提取电路在各种故障状态下的电路特征,然后将特征与故障的一一对应关系列成一个字典。在实际诊断时,只要获取电路的实时特征,就可以从故障字典中查出此时对应的故障。

2. 测后仿真法

测后仿真法主要包括求解全部的参数辨识法和求解部分元件参数的故障证实法。前者要求提供较多的诊断用信息,而后者是在电路中仅存在有限个故障假设的前提下做诊断(这在一般使用场合是允许的),因此可以在仅获得少量供诊断用的信息条件下做诊断(例如测试端口较少,测试次数也较少等)。

1)元件参数辨识法

元件参数辨识法根据网络已知的拓扑关系、输入激励和输出响应估计出网络中的所有参数,最后依照每个参数的允许容差范围以确定网络中的故障元件。

2)故障证实法

先预测被测网络中的故障元件在某个元件集中,然后再利用激励信号和在可及点取得的测量数据,根据一定的判据去验证这个预测是否正确。故障证实法包括K故障诊断法、故障定界诊断法、网络撕裂法。故障证实法的优点是所需测试点少,缺点是受容差的干扰大。

3. 其他技术

除上面介绍的各种常见方法之外,目前还有一些故障定位技术。

(1)逼近法。

(2)人工智能法。

需要指出的是上述各种方法都基于电路理论,现在还有一些不属于电路理论的诊断方法,比较典型的是红外成像诊断法,该方法投资较高。为提高故障诊断的实时性,一些智能化的诊断方法开始用于故障诊断,现代的人工智能方法包括神经网络诊断方法、多传感器信息融合的方法、模糊诊断方法、基于Agent的诊断方法、基于人工免疫的诊断方法等。这些方法的共同点就是能够诊断的故障类型更多,在故障定位方面更快速、更简便。

三、模拟电路故障诊断的难点

相对数字电路来说,模拟电路故障诊断的进展很慢,这主要是由于模拟电路故障诊断有其独特的困难之处。

(1)故障状态的多样性。模拟电路的输入、输出信号以及元件参数都是连续量,一个模拟元件就可能具有无穷多种故障情况,故障状态十分复杂,所以故障的建模和仿真都非常困难。

(2)信息不足。由于实际条件的限制,电路中的电流一般都不易测量,此外可测量电压的节点也很有限。因此供诊断用的信息量有限。

(3)容差问题。实际模拟电路的元件都有容差,即元件参数在容差限内有随机的偏移。容差的普遍存在,其影响往往可与一个或多个元件的"大故障"等效,因此导致故障的模糊性,即故障的可测性差。从模拟电路故障诊断的实践看,元件参数的容差是故障诊断面临的最大困难。

（4）非线性问题。实际的模拟电路往往含有非线性元件,而且线性电路也常包含大量的非线性问题(方程),所以,庞大的计算量是在所难免的。

以上几个方面的困难是模拟电路故障诊断理论向实用化发展的主要障碍。

6.2 数字电路的故障诊断

一、数字电路的发展现状

数字系统故障诊断技术的发展,是与数字系统尤其是数字计算机的发展紧密联系的。由于数字系统已经广泛应用于各行各业,为保证其可靠运行,故障的诊断是一个必不可少的重要环节。

Eldred 在 1959 年提出了第一篇关于组合电路的测试报告,尽管它只是在针对单级或两级组合电路中的固定型故障做检测,但它已实际应用于第一代的电子管计算机"Datamatic - 1000"的诊断中,并揭开了数字系统故障诊断的序幕。罗思(Roth)于 1966 年提出著名的 D 算法,考虑了故障信号向可极端传输的所有可能的通路(包括多通路传输)。从理论上说,组合电路故障检测和诊断在罗思的 D 算法中已达到了最高点。在实际应用中,脱胎于 D 算法的 PODEM 算法和 FAN 算法已经趋于完善,达到了完全实用的阶段。在罗思之后,Seller 等提出的布尔差分法,Thayse 提出的布尔微分法,虽然在实际使用中存在一定的困难,但是使通路敏化的理论得到了系统化,因此这两者在数字系统诊断理论中均占有重要的地位,是进行理论研究的必要工具和基础。罗思的 D 算法从理论上解决了组合逻辑电路的测试问题,即任何一个非冗余的组合逻辑电路中任一单故障都可以用 D 算法来找到测试它的测试矢量。但是在实际应用中还存在着计算量十分浩大,以致对大型电路很难付诸实施的问题。虽然各种改进方法在不同程度上提高了运算速度,但总的计算工作量还是很大的。

Armstrong 在 1966 年提出了 enf(等效正则法),其核心问题是寻找一个可诊断(检测)电路内全部故障的最小测试集。波格(Poage)和博森(Bossen)等提出了用因果函数来找诊断所有单故障和多故障的最小检测集,并在小型的组合逻辑电路测试中取得了比较满意的结果。但是上述几种方法通常要处理大量文字数据,所需的工作量和计算机的内存容量都比较大,因此对大型的组合电路难以付诸实施。我国学者魏道政教授等提出的多扇出分支计算的主通路敏化法以及较为直观的图论法,在实际应用中显示出较大的优越性。1984 年 Archambeau 等提出的伪穷举法,为穷举法用以解决大型组合电路的测试开拓了新的途径。

众所周知,时序电路的测试比组合逻辑电路的测试要困难的多。解决时序电路测试问题的最初途径是沿用组合电路的算法,但由于要对电路的状态作估算,因此使计算工作量陡增。Hennie 在 1964 年首先提出了把时序电路"复原"的输入序列的问题,但实际上并非所有的时序电路都存在这样的"复原"序列。为了比较好地解决时序电路的测试问题,相继提出了逻辑函数的多值模拟法,其中比较成功的有三值、六值和九值布尔模拟。多值布尔模拟中所引入的新的布尔变量,主要是为了解决时序系统中状态变量的初值设置,以及在测试过程中某些元件的未知状态或随意状态的表达问题。这些多值的布尔模拟法不仅使时序电路的测试理论日趋成熟,而且使时序电路的测试成为可能,当前常见的方法有九值算法、线路—时间方程算法和M0M1算法等。我国学者提出的H算法也作了有益的尝试,并取得一定的成果。

但是人们开始认识到,传统的系统设计过程,即设计人员主要考虑完成一定的逻辑功能的系统设计,测试人员根据已有的系统或器件来研究测试方法和开发测试设备,已经越来越不适应生产的实际需要。由于测试的开销在系统设计中占有的比例急剧增长,已经不能再把测试问题看作是一个附属的次要问题,而应看作系统设计中的一个重要的组成部分。所以,根本的解决方法就是在进行系统设计时就充分考虑到测试的要求,即要用故障诊断的理论去指导系统设计,这就是可测性设计。到目前为止,可测性设计方兴未艾,是一些学者的重要研究课题。现在已经有了一些比较成功的可测性设计。其中最突出的是边界扫描设计技术的发展和IEEE1149.1标准的制定,使系统的可测性设计理论和方法的研究达到了一个新的高度。

二、数字电路故障诊断的方法

1. 组合逻辑电路的测试方法

(1) 穷举法;

(2) 伪穷举法;

(3) 布尔差分法(包括布尔微分法。星算法与布尔差分法本质上是一致的,只是描述的方法不同);

(4) D算法(为了尽可能减少逆返的操作,大大缩短计算时间,使D算法真正能付诸实践,又产生了各种改进的算法,如PODEM和FAN算法);

(5) 特征分析法;

(6) 因果函数分析法;

(7) 随机测试方法。

2. 时序电路的测试方法

(1) 一般的扩展D算法(五值算法);

(2) 九值算法;

(3) 线路时间方程法(本质上也属于五值算法);

(4) M0M1算法;

(5) H算法。

以上方法中方法(1)主要解决同步时序电路的测试问题,方法(2)、方法(3)和方法(5)主要解决异步时序电路的测试问题,方法(4)可解决同步时序电路和异步时序电路的测试问题。

6.3 电路故障诊断的实现——故障诊断装置

一、故障诊断装置的分类

故障诊断装置可分为两大类:一类是对设备状况进行监控的装入式测试装置BIT(Built In Test),另一类是用于对设备进行检查维护的自动测试装置ATE(Automatic Test Equipment)。

早期的自动测试装置（ATE）着重解决的是减少人工操作以提高测试速度，并实现测量结果的自动显示和记录。现代的 ATE 则是计算机技术和自动测试技术相结合的产物。现代的 ATE 充分发挥计算机的控制能力、高速数据处理能力和输入输出能力，具有硬件少、体积小、质量小、功耗下降、成本低、可靠性高、自动化程度高、可扩充性强等优点。随着分布式计算机系统的发展，将会出现分布式的 ATE。

二、故障诊断装置的主要技术要求

故障诊断装置的主要技术要求通常有如下几项。

（1）故障检测率（或称覆盖率）。$\dfrac{P_1}{P_2} = \dfrac{n}{N}$，式中：$n$ 为故障诊断装置可以检测的故障数；N 为实际发生的故障数。

（2）故障隔离率。$\dfrac{P_3}{P_1} = \dfrac{m}{n}$，式中：$m$ 为可以实现故障定位的故障数。

（3）虚警率。虚警率是漏诊率和误诊率之和。漏诊是把故障状态判断为正常情况，误诊是把正常情况判断为故障状态。虚警率可用被测对象在一定运行时间（如 1000h）内，诊断装置的虚警次数来衡量。

（4）故障分辨力。故障分辨力用以衡量诊断装置获得的故障定位的信息量。可以用故障诊断装置能够分辨的最小故障集中包含的元件数多少来衡量。

（5）诊断时间 t_d。诊断时间指从开始诊断到输出诊断结果所需要的时间。

（6）故障诊断装置的可靠性。故障诊断装置是用来检查和监视被测对象的，它的工作必须可靠。通常要求故障诊断装置的可靠性指标应比被测对象高一个数量级。

（7）体积、质量符合要求。

（8）本身的可维护性好，有较强的自检测能力。

6.4　用故障字典法对电路进行故障诊断实验

一、实验目的

（1）了解故障诊断的有关概念，对故障诊断技术建立初步的认识。

（2）找出实验电路中的故障元件，了解用故障字典法对模拟电路进行故障诊断的方法。

（3）巩固 EWB5.0 软件的使用。

二、原理与说明

测前仿真法的典型方法是故障字典法（Fault Dictionary）。故障字典法首先提取电路在各种故障状态下的电路特征，然后将特征与故障的一一对应关系列成字典。在实际诊断时，只要获取电路的实时特征，就可以从故障字典中查出此时对应的故障。

故障字典法是一种适用范围很广的故障诊断方法，不仅适用于电子和电气系统，也适用于诊断非电类设备的故障，甚至可以诊断人的疾病。

若被测对象可能发生 n 种故障（相当于 n 个模式类），它有 m 个征兆或者特征，定义特征向量 $\boldsymbol{k}$ 为

$$\boldsymbol{k}_j = \begin{cases} 0 & \text{第 } j \text{ 个征兆不出现} \\ 1 & \text{第 } j \text{ 个征兆出现} \end{cases}$$

式中：$j = 1, 2, \cdots, m$；$k = k_1, k_2, k_3, \cdots, k_m$。

当已知存在第 i 个故障，即已经知道 $s_i = f_i(k_1, k_1, \cdots, k_i) = f_i(k)$ 时，哪些征兆出现，哪些征兆不出现，就可以按照实际观察到的征兆特征判断故障原因了。上式中 $f_i(k)$ 为各种特征的布尔表达式，将上式表达成表格形式，就是故障字典。

故障字典应该在故障发生以前就已经完成。为了建立故障字典，首先应预定故障类型，再进行电路分析程序，进行电路仿真，将计算所得的节点电压值进行分类，建立故障模式，最后编辑成故障字典存储在计算机里面以被检索。

故障字典法只能机械地执行人们预先编写的程序，不能像医生那样进行推理和演绎，没有创新能力，没有反馈，没有自适应能力，也就是说没有智能。故障字典法只适合在下列条件下应用：所考虑的故障只有有限个，而且是已知的；故障是永久性的；故障是单故障、硬故障。如果不满足以上的条件，就会出现误判。例如，当系统发生未曾遇到的故障或者多故障，使得特征值与故障字典中的任何一行都不符合，则误认为系统工作正常，这就是"失配"现象，是不允许的。

三、实验设备

实验设备如表 6.4 – 1 所列。

表 6.4 – 1　实验设备

序 号	名 称	型号与规格	数 量	备 注
1	直流稳压电源		1	DG04
2	面包板		1	
3	各种标称值的电阻		10	
4	万用表		1	
5	直流数字毫安表		1	D31
6	导线		若干	
7	计算机		1	

四、实验内容与步骤

1. 测量

实验电路图如图 6.4 – 1 所示。实验中首先按照图中的接线方法在面包板上搭建实验电路。检查接线无误后，开始实验。

（1）将 $\{U_{AO}, U_{BO}, U_{CO}\}$ 作为特征向量，分别测量实验电路正常工作时候 U_{AO}，U_{BO}，U_{CO} 的电压值。

（2）设置一个单故障，R_4 短路（用一根导线代替 R_4）。用故障字典法对该电路进行故障诊断。

（3）将 $R_1 \sim R_{10}$ 逐一短路、开路，分别测量各种故障状态下，U_{AO}，U_{BO}，U_{CO} 的电压值，建立故障状态字典，填入表 6.4 – 2。

（4）根据所建立起来的故障字典，查找定位故障。

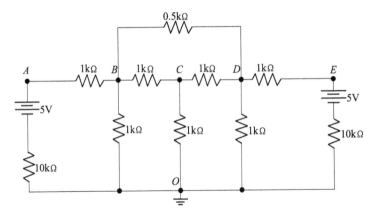

图 6.4 - 1　实验电路图

表 6.4 - 2　实验数据记录

故障代码	故障说明	U_{AO}/V	U_{BO}/V	U_{CO}/V
F0	R1sc			
F1	R1op			
F2	R2sc			
F3	R2op			
F4	R3sc			
F5	R3op			
F6	R4sc			
F7	R4op			
F8	R5sc			
F9	R5op			
F10	R6sc			
F11	R6op			
F12	R7sc			
F13	R7op			
F14	R8sc			
F15	R8op			
F16	R9sc			
F17	R9op			
F18	R10sc			
F19	R10op			
注:表中的 sc 代表短路;op 代表开路				

142

2. 使用计算机,利用 EWB5.0 进行故障诊断

(1) 用 EWB5.0 软件绘制电路原理图。

(2) 双击所绘制的电路图中的某个电路元件,会出现如图 6.4 - 2 所示的对话框,利用图 6.4 - 2 中 Fault 功能设置硬故障,例如 R_1 开路或者短路。

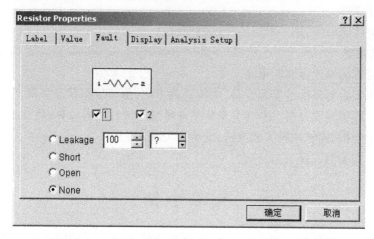

图 6.4 - 2　对话框

(3) 用万用表测试各个节点的电压,如图 6.4 - 3 所示,将其记录下来,编写故障字典。

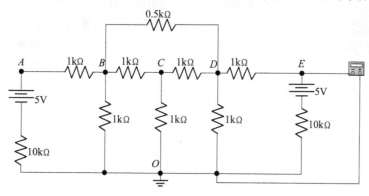

图 6.4 - 3　实验电路图

(4) 用示波器观察 A、B、C、D 节点在电路正常工作和出现故障时候对地的电压波形,直观的观察电路异常工作的状态下 A、B、C、D 各节点电压的变化,如图 6.4 - 4 所示。

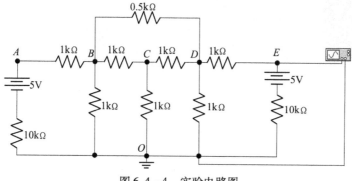

图 6.4 - 4　实验电路图

五、预习要求

（1）仔细阅读教材,有必要时可以查阅有关文献资料,了解故障诊断方面的有关知识,重点了解用故障字典法进行故障诊断的方法、步骤。

（2）复习 EWB5.0 的使用方法,熟悉该软件一些常用的基本功能。

六、注意事项

设置短路故障时候,用一根短路线代替即可。

七、报告要求

（1）用计算机画出该实验电路。

（2）利用实验室提供的实验设备,用传统的方法,编写故障状态字典。

（3）用计算机辅助分析,用 EWB 5.0 软件对电路进行仿真计算,建立故障状态字典。

（4）仔细分析、比较两种实验方法,分析误差原因。

（5）本次实验的收获、心得体会。

本 章 小 结

随着大规模模拟集成电路的发展,模拟电路故障诊断形成了网络理论的一个新的分支。根据不同的原理,对模拟电路提出了许多各有特色的故障诊断方法,到目前为止,较流行的模拟电路故障诊断方法分为测前仿真法和测后仿真法两大类。模拟电路故障诊断研究朝着更实用化的多故障诊断方向发展。模拟电路故障诊断存在以下几个难点:故障状态的多样性、信息不足、容差问题、非线性问题。容差问题是模拟电路故障诊断方法走向实用的一个重大障碍。人工神经网络(ANN)粗糙集、模糊理论、遗传算法等人工智能的方法从根本上来解决模拟电路故障诊断测后计算量大的问题成为一种较为有效的方法。与模拟电路故障诊断相比,在数字系统中,不管是时序系统,还是组合逻辑系统,至今都已有了一些成熟的理论和使用方法。可测性设计的发展使系统或部件的故障诊断得以简化,也大大提高了系统的可靠性,但大型电路的测试问题仍是研究的重要课题。

习 题

1. 自行设计一个含有电阻、电感、电容、运放块等元件的简单模拟电路,设置硬故障用故障字典法对其进行故障诊断。

2. 查阅故障诊断的相关文献,深入了解故障诊断技术进展状况和目前所使用的方法。

附录 A KHDG－1 型高性能电工综合实验装置简介

KHDG－1 型高性能电工综合实验装置如图附 A－1 所示。该实验装置采用挂件式，可以灵活组合。

该实验台适用于《电路》、《电工基础》、《电路基础》、《电路分析基础》等课程的实验教学。满足教学大纲的要求。

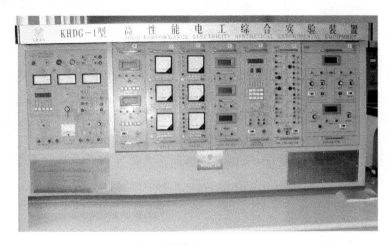

图附 A－1

一、技术性能

（1）输入电源：三相四线 380V ± 10%　50Hz。

（2）装置容量：<1.5kW。

二、装置的基本装备

1. DG01 电源控制屏

1）交流电源

提供三相 0 ~ 450V 连续可调交流电源，同时可得到单相 0 ~ 250V 连续可调交流电源（配有一台三相同轴联动自耦调压器，规格为 1.5kW/0 ~ 450V，克服了 3 只单相调压器采用链条结构或齿轮结构组成的许多缺点）。可调交流电源输出处设有过流保护技术，相间、线间过电流及直接短路均能自动保护，克服了调换保险丝所带来的麻烦。配有 3 只指针式交流电压表，通过切换开关可指示输入的三相电网电压值和三相调压器的输出电压值。

2）高压直流电源两路

（1）励磁电源。220V(0.5A)，具有输出短路保护。

（2）电枢电源。40V ~ 230V(3A)，连续可调稳压电源，具有过压、过流、过热、短路软截止自动保护和自动恢复功能,并设有过压、过流报警指示。

3）人身安全五大保护体系

（1）三相隔离变压器一组（三相电源经钥匙开关、接触器,到隔离变压器,再经三相调压器输出）。使输出与电网隔离（浮地设计）,对人身安全起到一定的保障作用。

（2）电压型漏电保护器1。对隔离变压器前的线路出现的漏电现象进行保护,使控制屏内的接触器跳闸,切断电源。

（3）电压型漏电保护器2。对隔离变压器后的线路及实验过程中的接线等出现的漏电现象进行保护,发出报警信号并切断电源,确保人身安全。

（4）电流型漏电保护器。控制屏有漏电现象,漏电流超过一定值,即切断电源。

（5）强电连接线及插座。采用全封闭结构,使用安全、可靠、防触电。

4）仪表保护体系

设有多只信号插座,与仪表相连,当仪表超量程时,即报警并使控制屏内的接触器跳闸,对仪表起到良好的保护作用。

5）定时器兼报警记录仪（服务管理器）

平时作为时钟使用,具有设定实验时间、定时报警、切断电源等功能,还可以自动记录漏电报警及仪表超量程报警的总次数。

2. DG03 数控智能函数信号发生器（带频率计）

信号源:输出正弦波、矩形波、三角波、锯齿波、四脉方列、八脉方列。

特点:采用单片机主控电路、锁相式频率合成电路及 A/D 转换电路等构成,输出频率、脉宽均采用数字控制技术,失真度小、波形稳定。

输出频率范围:正弦波为 1Hz ~ 160kHz,矩形波为 1Hz ~ 160kHz,三角波和锯齿波为 1Hz ~ 10kHz,四脉方列和八脉方列固定为 1kHz。

频率调整步幅:1Hz ~ 1kHz 为 1Hz,1kHz ~ 10kHz 为 10Hz,10kHz ~ 160kHz 为 100Hz。

输出脉宽选择:占空比分别固定为 1:1;1:3;1:5 和 1:7 四挡。

输出幅度调节范围:A 口（正弦波、三角波、锯齿波）5mV ~ 17.0V（峰值）,多圈电位器调节;B 口（矩形波、四脉、八脉）5mV ~ 3.8V（峰值）数控调节。A、B 口均带输出衰减（0dB、20dB、40dB、60dB）。

频率计:6 位数字显示,测量范围 1Hz ~ 300kHz,作为外部测量和信号源频率指示。

3. DG04 直流稳压电源（两路）、恒流源

提供两路 0.0 ~ 30V/1A 可调稳压电源,内部分五挡,自动切换,具有截止型短路软保护和自动恢复功能,设有三位半数显指示。

提供一路 0 ~ 500mA 连续可调恒流源,分 2mA、20mA、500mA 3 挡,最大输出功率 10W,从 0mA 起调,调节精度 1‰,负载稳定度 $\leqslant 5 \times 10^{-4}$,额定变化率 $\leqslant 5 \times 10^{-4}$,配有数字式直流毫安表指示输出电流,具有输出开路、短路保护功能。

4. DG05 电路实验（一）

提供仪表量程扩展（配带镜面指针式精密毫安表一只）、电压源与电流源等效变换、基尔霍夫定律（可设置 3 个典型故障点）、叠加原理（可设置 3 个典型故障点）、戴维南定理、诺顿定理、最大功率传输条件测定、二端口网络及互易定理等实验项目。

146

5. DG06 受控源、回转器、负阻抗变换器

提供流控电压源 CCVS、压控电流源 VCCS、压控电压源 VCVS、流控电流源 CCCS、回转器及负阻抗变换器。4 组受控源、回转器、负阻抗变换器的图形符号采用标准网络符号。

6. DG07 电路实验（二）

提供 R、L、C 元件特性及交流电参数测定（判断性实验），电路状态轨迹的观测，R、L、C 串联谐振电路（L 用空心电感），R、C 串并联选频电路，R、C 双 T 选频网络，一阶、二阶动态电路等实验。

7. DG08 电路实验（三）

提供单相、三相负载电路、变压器、互感器及电度表等实验。负载为 3 个完全独立的灯组，可连接成 Y 或 △ 两种三相负载线路，每个灯组均设有 3 个并联的白炽灯罗口灯座（每组设有 3 个开关，控制 3 个负载并联支路的通断），可插 60W 以下的白炽灯 9 只，各灯组设有电流插座；各灯组均设有过压保护电路，保障实验学生的安全及防止灯组因过压而导致损坏；铁芯变压器一只（50W、36V/220V），原、副边均设有电流插座便于电流的测试，均设有保险丝；互感线圈一组，实验时临时挂上，两个空心线圈 L_1、L_2 装在滑动架上，可调节两个线圈间的距离，并可将小线圈放到大线圈内，配有大、小铁棒各一根及非导磁铝棒一根；电度表一只，规格为 220V、3/6A，实验时临时挂上，其电源线、负载线均已接在电度表接线架的接线柱上，实验方便；220V/8.2V（0.5A）变压器一只，可进行变压器原、副绕组同名端判断，变压器副边双绕组同名端判断及变压器应用等实验。

8. DG09 元件箱

设有 3 组高压电容（每组 $1\mu F/500V$、$2.2\mu F/500V$、$4.7\mu F/500V$ 高压电容各一只）、十进制可变电阻箱（阻值 $0 \sim 99999.9\Omega/2W$）、8W 固定阻值功率电阻、日光灯启辉器插座、镇流器、短接按钮、电感、电流插座、电位器、开关及非线性元件等实验器件。

9. DG21 交流元件箱

提供 $0 \sim 0.9\mu F/500V$ 十进制可调电容、$1\mu F \sim 10\mu F/500V$ 十进制可调电容、$0 \sim 90mH/0.5A$ 十进制可调电感及 $100mH \sim 1000mH/0.5A$ 十进制可调电感，另外还提供 $900\Omega \times 2/0.41A$ 大功率、可调瓷盘电阻一组。

10. D31 直流数字电压、毫安表

直流数字电压表，测量范围 $0 \sim 200V$，分 200mV、2V、20V、200V 4 挡，直键开关切换，三位半数显，输入阻抗为 $10M\Omega$，精度 0.5 级，具有超量程报警、指示、切断总电源等功能。

直流数字毫安表，测量范围 $0 \sim 200mA$，分 2mA、20mA、200mA 3 挡，直键开关切换，三位半数显，精度 0.5 级，具有超量程报警、指示、切断总电源等功能。

11. D32 交流电流表

提供指针式精密交流电流表 3 只，采用带镜面、双刻度线（红、黑）表头（不同的量程读取相应刻度线），测量范围 $0 \sim 5A$，分 0.3A、1A、3A、5A 4 挡，精度 1.0 级，直键开关切换，每挡均有超量程告警、指示及切断总电源功能。

12. D33 交流电压表

提供指针式精密交流电压表 3 只，采用带镜面、双刻度线（红、黑）表头（不同的量程读取相应的刻度线），测量范围 $0 \sim 500V$，分 10V、30V、100V、300V、500V 5 挡，输入阻抗

1MΩ,精度 1.0 级,直键开关切换,每挡均有超量程报警、指示及切断总电源功能。

13. D34 - 3 单三相智能功率、功率因数表

由两套微电脑,高速、高精度 A/D 转换芯片和全数显电路构成。通过键控、数显窗口实现人机对话的智能控制模式。为了提高测量范围和测试精度,将被测电压、电流瞬时值的取样信号经 A/D 变换,采用专用 DSP 计算有功功率、无功功率。单相功率及三相功率 P_1、P_2 测量,精度为 0.5 级,电压、电流量程分别为 450V、5A,可测量负载的有功功率、无功功率、功率因数及负载的性质等。

附录 B 万 用 表

万用表通常用来测量交、直流的电压、电流和电阻,它还可以用来测量电平、功率、电容和电感等,用途很广。

万用表的种类很多,根据测量结果显示方式的不同,可分为模拟式(指针式)和数字式两大类,其结构特点是模拟式用表头、数字式用液晶显示器来指示读数,用转换器件、转换开关来实现各种不同测量目的的转换。

一、模拟式万用表

模拟式万用表主要由表头、转换装置和测量电路 3 部分组成。表头一般都采用灵敏度高的磁电式微安表。表头本身的准确度较高,一般都在 0.5 级以上。转换装置是用来选择测量项目和量程的,主要由转换开关、接线柱、旋钮、插孔等组成;测量电路是万用表的重要部分,有了它才使万用表成为多量程电流表、电压表和电阻表的组合体。测量电路主要由电阻、电容、转换开关和表头等部件组成。在测量交流电量的电路中,使用了整流器件,将交流电变换成为脉动直流电,从而实现对交流电量的测量。

1. 工作原理

实用的万用表虽然结构各式各样,但它的基本原理是一样的,这里以目前使用最多的模拟式万用表为例介绍各种测量电路。

1)测量直流电流的电路

万用表测量直流电流的电路实际上是一种多量限的直流电流表,其分流电阻用转换开关来改变。电路接法一般有两种形式:一种是开路置换式,如图附 B-1 所示;另一种是闭路抽头式,如图附 B-2 所示。前者换线方便,但转换开关接触不良时,容易烧毁表头,因此实际中采用后者较多。

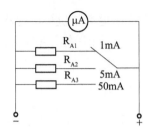

图附 B-1 开路置换式电路

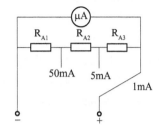

图附 B-2 闭路抽头式电路

2)测量直流电压的电路

万用表测量直流电压的电路是一种多量程的直流电压表。多量程电压表的倍率用转换开关来实现。电路接法有两种形式:一种是单个式倍率器,如图附 B-3 所示;另一种是叠加式倍率器,如图附 B-4 所示。

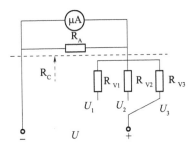

图附 B-3　单个式倍率器

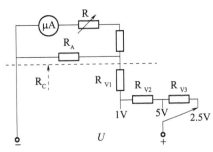

图附 B-4　叠加式倍率器

3）测量交流电压的电路

测量交流电压的电路是一种整流式电压表。它是磁电式仪表和整流器的组合。整流器的作用是将交流变为直流。整流电路有半波整流和全波整流两种,分别如图附 B-5和图附 B-6 所示。由于流过仪表的直流是脉动的直流,故其所产生的转矩大小也是随时间变化的。由于仪表指针有惯性,它来不及随电流及其产生的转矩而变化,因而指针的偏转角 α 将正比于转矩或整流电流在一个周期内的平均值,即 $\alpha \propto M$, $\alpha \propto I$。

实际上交流量的大小都用其有效值来表示,故仪表的标尺只能按有效值刻度,而不能按其平均值来刻度。整流式仪表的标尺是按正弦量有效值刻度的,其读数就是正弦量的有效值,因而它只能用来测量正弦交流电。若用它来测量非正弦交流电,则会产生很大的误差。

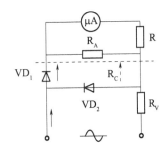

图附 B-5　半波整流电路

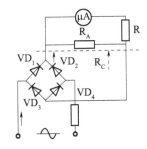

图附 B-6　全波整流电路

4）测量电阻的电路

万用表测量电阻的电路构成一个串联式电阻表。它由磁电测量机构根据欧姆定律的原理配以适当的电路构成的,其原理电路如图附 B-7 所示。图中表头并联分流电阻 R_P 后即相当于一个电流表,设此电流表的量程为 I_0,被测电阻 R_x、电源 E、可变电阻 R 同电流表组成闭合的串联电路。若将 a、b 两端短接,即 $R_x = 0$,调节 R 使表针指示满偏转。即:

$$I_0 = \frac{E}{R + r_0}, r_0 = \frac{R_P R_0}{R_P + R_0}$$

式中:r_0 为电流表的等效电阻,R_0 为电流表内阻。若在 a、b 间接入被测电阻 R_x,设此时电流表指示为 I,则电流为

$$I = \frac{E}{R_x + R + r_0}$$

式中:当 E、R、r_0 一定时,电流 I 仅与 R_x 有关,可以根据 I 的

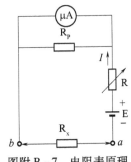

图附 B-7　电阻表原理

大小决定 R_x 的值,在表盘标尺上不按电流而按相应的电阻值刻度读数时,变成了电阻表。

2. 使用方法

万用表的类型较多,面板上的旋钮、开关的布局也有所不同。所以在使用万用表之前必须仔细了解和熟悉各部件的作用,认真分清表盘上各条标度所对应的量,详细阅读使用说明书。万用表的正确使用应注意以下几点。

(1)万用表在使用之前应检查表针是否在零位上,如不在零位上,可用小螺丝刀调节表盖上的调零器,进行"机械调零",使表针指在零位。

(2)万用表面板上的插孔都有极性标记,测直流时,要特别注意正负极性。用欧姆挡判别二极管极性时,注意" + "插孔接表内电池的负极,而" - "插孔(有的标为" * "插孔)接表内电池正极。

(3)量程转换开关必须拨在需测挡位置,不能接错。如要测量电压量,误拨在电流或电阻挡,将会损坏表头。

(4)在表盘上有多条标度尺,要根据不同的被测量去读数。测量直流量时读"DC"或" - "标度尺;测交流量时读"AC"或" ~ "标度尺;标有"Ω"的标度尺是在测量电阻时使用的。

(5)测量电压或电流时,如果对被测量的电压或电流大小心中无数,应先拨到最大量程上试测,防止表针打坏;然后再拨到合适量程上测量,以减小测量误差。注意不可带电转换量程开关。

(6)在测量直流电流或电压时,正负端应与被测的电压、电流的正负端相接。测电流时,要把电路断开,将表串接在电路中。

(7)测量交流电压、电流时,注意必须是正弦交流电压、电流。其频率不能超过说明书上的规定。

(8)测量电阻时,首先要选择适当的倍率挡,然后将表笔短路,调节"调零"旋钮,使表针指零,以确保测量的准确性。如果"调零"电位器不能将表针调到零位,说明电池电压不足,需要更换新电池,或者内部接触不良需修理。不能带电测电阻,以免损坏万用表。在测大阻值电阻时,不要用双手分别接触电阻两端,防止人体电阻并联上去造成误差。每换一次量程,都要重新调零。不能用欧姆挡直接测量微安表表头、检流计、标准电池等仪器仪表的内阻。

(9)测量高压或大电流时,要注意人身安全。测试笔要插在相应的插孔里,量程开关拨到相应的量程位置上。测量前还要将万用表架在绝缘支架上,使被测电路切断电源。电路中如有大电容应将电容短路放电,将表笔固定接好在被测电路上,然后再接通电源测量。注意不能带电拨动转换开关。

(10)每次测量完毕,将转换开关拨到交流电压最高挡,防止他人误用而损坏万用表;也可防止转换开关误拨在欧姆挡时,表笔短接而使表内电池长期耗电。万用表长期不用时,应取出电池,防止电池液腐蚀而损坏万用表内零件。

二、数字式万用表

数字式万用表是目前常用的一种数字化仪表。它具有以下特点:数字显示,读取直观、准确,可避免指针式万用表的读数误差;分辨力高;测量速度快;输入阻抗和集成度高;测试功能、保护电路齐全;功率损耗小;抗干扰能力强。下面以 DT890A 为例,进行介绍。

DT890A 型万用表面板示意图如图附 B-8 所示。

操作时首先将 ON/OFF 开关置于 ON 位置。检查 9V 电池,如果电压不足,需更换电池。

(1) 直流电压(DCV)测量。将量程转换开关置于 DCV 范围,并选择量程,其量程分为 5 挡:200mV、2V、20V、200V、1000V。测量时,将黑表笔插入 COM 插孔,红表笔插入 V/Ω 插孔,测量时若显示器上显示"1",表示过量程,应重新选择量程。

(2) 交流电压(ACV)测量。将量程转换开关置于 ACV 范围,并选择量程,其量程分为 5 挡:200mV、2V、20V、200V、700V。测量时,将黑表笔插入 COM 插孔,红表笔插入 V/Ω 插孔。测量时不允许超过额定值,以免损坏内部电路。显示值为交流电压的有效值。

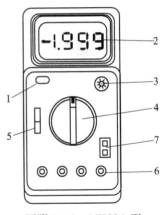

图附 B-8　DT890A 型
万用表面板示意图
1—按键式电源开关；2—液晶显示器；
3—晶体管测试座；4—量程转换开关；
5—电容测试座；6—输入插孔；
7—温度测试座。

(3) 直流电流(DCA)测量。将量程转换开关转到 DCA 位置,并选择量程,其量程分为 4 挡:2mA、20mA、200mA、10A。测量时,将黑表笔插入 COM 插孔,当测量最大值为 200mA 时,红表笔插入 mA 插孔;当测量最大值为 20A 时,红表笔插入 A 插孔。注意:测量电流时,应将万用表串入被测电路。

(4) 交流电流(ACA)测量将量程转换开关转到 ACA 位置,选择量程,其量程分为 4 挡:2mA、20mA、200mA、10A。测量时,将测试表笔串入被测电路,黑表笔插入 COM 插孔,当测量最大值为 200mA 时,红表笔插入 mA 插孔;当测量最大值为 20A 时,红表笔插入 A 插孔。显示值为交流电压的有效值。

(5) 电阻测量。电阻挡量程分为 7 挡:200Ω、2kΩ、20kΩ、200kΩ、2MΩ、20MΩ、200MΩ。测量时,将量程转换开关置于 Ω 量程,将黑表笔插入 COM 插孔,红表笔插入 V/Ω 插孔。注意:在电路中测量电阻时,应切断电源。

(6) 电容测量。电容挡量程分为 5 挡:2000pF、20nF、200nF、2μF、20μF。测量时,将量程转换开关置于 CAP 处,将被测电容插入电容插座中,注意:不能利用表笔测量。测量容量较大的电容时,稳定读数需要一定的时间。

(7) 二极管测试及带蜂鸣器的连续性测试。测试二极管时,只需将量程转换开关转换到二极管的测试端,显示器显示二极管的正向压降近似值。

(8) 晶体管 hFE 的测试。将量程转换开关置于 hFE 量程,确定 NPN 或 PNP,将 E、B、C 分别插入相应插孔。

(9) 音频频率测量。音频频率测量分为两挡:2kHz、20kHz。测量时,将量程转换开关置于 kHz 量程,黑表笔插入 COM 插孔,红表笔插入 V/Ω/f 插孔,将测试笔连接到频率源上,直接在显示器上读取频率值。

(10) 温度测试。温度测试分为 3 挡:-20℃~0℃、0℃~400℃、400℃~1000℃。测试时,将热电偶传感器的冷端插入温度测试座中,热电偶的工作端置于待测物上面或内部,可直接从显示器上读取温度值。

附录 C 电 桥

电桥线路在电磁测量技术中得到了比较广泛的应用。利用桥式电路制成的电桥是一种用比较法进行测量的仪器。电桥可以测量电阻、电容、电感、频率、温度、压力等许多物理量,也广泛应用于近代工业生产的自动控制中。根据用途不同,电桥有多种类型,其性能和结构也各有特点,但它们有一个共同点,就是基本原理相同。惠斯通电桥仅是其中的一种,它可以测量的电阻范围为 $1\Omega \sim 10^6\Omega$。

一、单臂电桥(惠斯通电桥)

直流单臂电桥的原理如图附 C-1 所示。电阻 R_1、R_2、R_3 和 R_4 的 4 个支路称为桥臂,其中 3 个桥臂为固定的或可调的标准电阻,另一个桥臂接被测电阻(例如 R_1)。适当调节电桥中一个桥臂或几个桥臂的标准电阻,使流过检流计 G 的电流 $I_g = 0$ 时,电桥平衡。

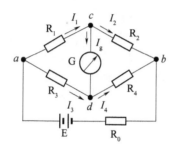

图附 C-1 单臂电桥原理

电桥平衡时,c、d 支路的电流为零,根据 KCL,有 $I_1 = I_2$,$I_3 = I_4$。

由于 c、d 支路的电流为零,认为 c、d 两节点等电位。

若 R_1 为待测电阻,用 R_x 表示,即有

$$R_x = R_1 = \frac{R_3}{R_4}R_2 = \frac{R_2}{R_4}R_3$$

待测电阻 R_x 可由 R_2 和 R_4 的比率与 R_3 的乘积来决定。通常把比率所在的桥臂称为比率臂或称倍率臂,而把接 R_3 的桥臂称为测量臂。图附 C-2(a)是便携式 QJ-23 型电桥的内部电路,此电桥是通过改变 R_3 而使电桥达到平衡,改变 R_2/R_4 的值,可改变电桥测量范围,故 R_2/R_4 是比率臂,R_3 是测量臂。测量范围为 $1\Omega \sim 9999000\Omega$。

QJ-23 型电桥的面板如图附 C-2(b)所示。其中:右边 4 个旋钮是测量臂,各挡读数分别为 ×1000,×100,×10,×1,4 个旋钮指示数的总和为测量臂的读数。比率臂旋钮从 ×0.001 到 ×1000 共 7 挡,相当于 R_2/R_4,R_x 处是被测电阻接线柱。左下方的 B、G 分别是接通电源和检流计的按钮,按下接通,弹起断开。表头上的旋钮是检流计的机械零点调节装置。左上角的 B 是外接工作电源的接线柱,如仪器已备有干电池供电,要外接电

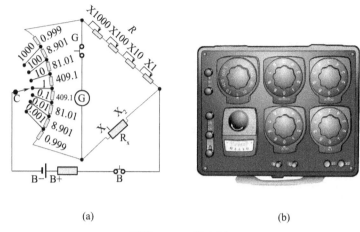

(a)   (b)

图附 C-2　单电桥

(a) 单电桥电路原理图；(b) QJ-23 型便携式单电桥面板。

源 4.5V 时,必须取出内装的干电池。"内"、"外"是内接或外接检流计的接线柱,当使用仪器本身的检流计时,应用金属片将"外"短接。外接检流计时用金属片将"内"短接,仪器本身的检流计被短接。

使用电桥时应注意以下两点。

(1) 将被测电阻接在 R_x 端,据被测电阻 R_x 的估计值,选择合适的倍率,尽量使测量臂的 4 挡旋钮都能用上,这样就能取得 4 位准确读数,使测量结果较准确。

(2) 将测量臂调至被测电阻阻值,先按下 B 钮,再按下 G 钮,观察检流计指针偏转情况,若偏转很快,说明电桥还很不平衡,必须重新检查测量臂阻值或倍率值是否合适。相反,若偏转缓慢,说明电桥已接近平衡。调整时注意,当指针向"+"偏转时,说明测量臂阻值应增加,反之应减少。

二、交流电桥

交流电桥与直流电桥的平衡原理相似,但交流电桥的调节方法和平衡过程相对复杂些。

1. 交流电桥的平衡条件

交流电桥主要用来测量交流电路参数(电感、电容和介质常数等),常用的四臂交流电桥原理电路如图附 C-3 所示。其中 4 个桥臂分别是阻抗 Z_1、Z_2、Z_3 和 Z_4,它们可由电阻、电感或电容以及它们的组合来组成。c、d 之间接入的是交流检流计 G,它可以是交流毫伏表、高阻耳机、振动式检流计,也可以用示波器。

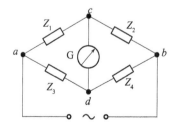

图附 C-3　四臂交流电桥的原理电路

当交流电桥平衡时,交流检流计的指示值为零,用与直流电桥相同的推导方法,得

$$Z_1 Z_4 = Z_2 Z_3$$

这就是交流电桥平衡条件。根据复数运算法则分别得

$$|Z_1| |Z_4| e^{j(\varphi_1 + \varphi_4)} = |Z_2| |Z_3| e^{j(\varphi_2 + \varphi_3)}$$

所以

$$\begin{cases} |z_1| |z_4| = |z_2| |z_3| \\ \phi_1 + \phi_4 = \phi_2 + \phi_3 \end{cases}$$

由于交流电桥的桥臂是复阻抗,被测的交流参数有两个待确定的数值,即复阻抗的实部 R 和虚部 X 或复阻抗的模 $|Z|$ 和角 φ。因此,在调电桥平衡时,必须调节桥臂的两个参数。而在实际调节中,往往要对这两个参数反复调节,才能使电桥平衡。如果交流电桥的桥臂参数调节的不合理,电桥甚至不可能达到平衡。

2. 交流电桥桥臂的调节规律

在图附 C–3 所示的四臂交流电桥原理电路中,设复阻抗 Z_1 为被测量 Z_x,则有

$$Z_x = Z_1 = \frac{Z_2 Z_3}{Z_4} = \frac{Z_3}{Z_4} Z_2 = \frac{Z_2}{Z_4} Z_3$$

可以看出 Z_4 与被测阻抗 Z_1 是相对桥臂,Z_2 和 Z_3 与被测阻抗 Z_1 是相邻桥臂。若可调元件是被测阻抗 Z_1 的相对桥臂 Z_4,则当 Z_2 和 Z_3 的乘积是正实数时,Z_1 和 Z_4 必然为异性阻抗,即:如果 Z_1 为感性,则 Z_4 一定为容性;如果 Z_1 为容性,则 Z_4 一定为感性。

若可调元件是被测阻抗 Z_1 的相邻桥臂,则有两种可能的情况。

(1)可调元件是 Z_2,当 Z_3 / Z_4 是正实数时,Z_1 和 Z_2 必然为同性阻抗。也就是说,如果 Z_1 为感性,Z_2 也一定为感性;如果 Z_1 为容性,Z_2 也一定为容性。

(2)可调元件是 Z_3,当 Z_2 / Z_4 是正实数时,Z_1 和 Z_3 必然为同性阻抗,即都是感性阻抗或者都是容性阻抗。

3. 消除因频率变化引起的误差

因为交流电桥的电源为正弦交流电源,其电压不仅有大小的变化,还可能有频率的变化。在某一频率时,电桥可以达到平衡,但一旦频率改变了,电桥也可能失去平衡,电桥的平衡与电源的频率有关。

当电源的频率发生变化,该电桥的平衡条件也将变化,必然造成测量误差。如果要求电源的频率非常稳定,又会有一定的难度。因此,要求电桥的平衡条件与电源的频率无关,这也是电桥参数合理搭配的一个条件。

为使电桥的平衡与电源的频率无关,电桥的各个桥臂除了要满足 $Z_1 Z_4 = Z_2 Z_3$ 的条件外,在桥臂的结构上还要满足以下要求。

(1)若可调元件是被测阻抗 Z_1(Z_x)的相对桥臂 Z_4,两者的结构必须是一个为串联,另一个为并联。

(2)若可调元件是被测阻抗 Z_1(Z_x)的相邻桥臂,两者的结构必须同是串联或同是并联。Z_1(Z_x)的相邻桥臂有 Z_2、Z_3 两种可能,例如,电路如图附 C–4(b)所示。其平衡条件为

$$R_x = \frac{R_4}{R_2} C_3, \quad C_x = \frac{R_2}{R_4} R_3$$

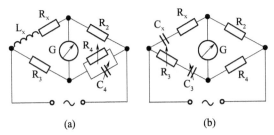

图附 C - 4　平衡条件与电源频率无关的电桥

（a）Z_x 串联，Z_4 并联的电路；（b）Z_x 串联，Z_3 也串联的电路。

附录 D 晶体管毫伏表

晶体管毫伏表是一种专门用来测量非工频交流电压有效值的交流电子电压表,它的指示机构是指针式的,因而又叫作模拟式电子电压表。晶体管毫伏表还可以进行电平的测量。

从测量频率范围有:低频晶体管毫伏表、高频晶体管毫伏表、超高频晶体管毫伏表、视频毫伏表。

从测量电压上有:有效值毫伏表和真有效值毫伏表。

从显示方式上有:指针显示和数字显示(LED 显示)。

一、晶体管毫伏表的优点

(1)测量频率范围宽,被测频率范围约为几赫到数百兆赫。

(2)输入阻抗高,一般输入电阻可达几百千欧甚至几兆欧,对被测电路的影响小。

(3)灵敏度高,反映了毫伏表有较强的测量微弱信号的能力,一般毫伏表最低电压可测到微伏级。

二、晶体管毫伏表的结构和工作原理

1. 毫伏表的构成

毫伏表由检波电路、放大电路和指示电路 3 部分电路组成。

1)放大电路

放大电路用于提高晶体管毫伏表的灵敏度,使得毫伏表能够测量微弱信号。晶体管毫伏表中所用到的放大电路有直流放大电路和交流放大电路两种,分别用于毫伏表的两种不同的电路结构中。

2)检波电路

由于磁电式微安表头只能测量直流电流,因此在毫伏表中,必须通过各种形式的检波器。将被测交流信号变换成直流信号,让变换得到的直流信号通过表头,才能用微安表头测量交流信号。

3)指示电路

由于磁电式电流表具有灵敏度高、准确度高、刻度呈线性、受外磁场及温度的影响小等优点。因此在晶体管毫伏表中,磁电式微安表头被用作指示器。

2. 毫伏表的结构

毫伏表的电路结构有检波—放大式和放大—检波式两种不同的结构。前者在检波电路和指示电路之间加设直流放大电路,后者在检波电路的前面加设交流放大电路。结构原理如图附 D - 1 所示。

由图附 D - 1(a)可见,检波—放大式毫伏表先将被测交流信号电压 U_x 经过检波电路检波,转换成相应大小的直流电压,再经过直流放大电路放大,使直流微安表头作出相应的偏转指示。由于放大电路放大的是直流信号,所以放大电路的频率特性不影响毫伏表的频率响应。采用普通的直流放大电路有零点漂移问题,所以这种毫伏表的灵敏度不高。

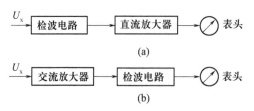

图附 D-1 毫伏表原理框图

(a) 检波—放大式毫伏表；(b) 放大—检波式毫伏表。

如果采用斩波式直流放大器,可以把灵敏度提高到毫伏级,这种毫伏表常称为超高频毫伏表。从图附 D-1(b)可见,放大—检波式毫伏表先将被测交流信号电压 U_x 经放大电路放大后,到检波电路上,由检波电路把放大后的被测交流信号,转换成相应大小的直流电压去推动直流微安表头,作出相应的偏转指示。由于放大电路放大的是交流信号,可以采用高增益放大器来提高毫伏表的灵敏度,因此这种毫伏表可做到毫伏级。但是被测电压的频率范围受放大电路频带宽度的限制,一般上限频率为几百千赫到兆赫,这种毫伏表也称为视频毫伏表。

三、晶体管毫伏表的使用

以下以 DA-16 型晶体管毫伏表为例介绍它的使用,图附 D-2 为 DA-16 型晶体管毫伏表的面板图。它们都可在 20Hz ~ 1MHz 的频率范围内测量 $100\mu V \sim 300V$ 的交流电压。输入阻抗:1MΩ,精度:≤ ±3%,表盘按正弦波的有效值刻度,电压指示为正弦波有效值,它们具有较宽的频率范围、输入阻抗高,测量电压范围广和较高的灵敏度,结构简单,体积小,质量小,大镜面表头指示,读数清晰的特点。

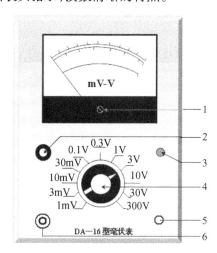

图附 D-2　DA-16 型晶体管毫伏表面板示意图

1—机械调零；2—调零电位器；3—电源指示灯；4—量程开关；5—电源开关；6—输入端。

1. 使用方法

(1) 机械零位调整。未接通电源,调整电表的机械零点(一般不需要经常调整)。

(2) 调零电位器。接通电源,将输入线(红、黑测试夹)短接,待电表指针摆动数次至稳定后,校正调零旋钮,以使指针置于零位。需要逐挡调零(DF2173 型面板上没有设置调零电位器,不用逐挡调零)。

（3）量程开关。量程共分 1mV，3mV，10mV，30mV，100mV，300mV，1V，3V，10V，30V，300V 11 挡级。量程开关所指示的电压挡为该量程最大的测量电压。为减少测量误差，应将量程开关放在合适的量程。以使指针偏转的角度尽量大。如果测量前，无法确定被测电压的大小，量程开关应由高量程挡逐渐过渡到低量程挡，以免损坏设备。

（4）数值读取。一般指针式表盘毫伏表有 3 行刻度线，其中第一行和第二行刻度线指示被测电压的有效值，当量程开关置于"1"打头的量程位置（如 1mV，10mV，0.1V，1V，10V）时，应该读取第一行刻度线，当量程开关置于"3"打头的量程位置（如 3mV，30mV，0.3V，3V，30V，300V）时应读取第二行刻度线。

2. 注意事项

（1）毫伏表接通电源前，将其垂直放置在水平工作台上，检查指针是否在零点，若有偏差，则调节机械零旋钮使指针指示为零。

（2）接通电源后，需进行电气调零。将输入线的两个接线端短接，并使量程开关处于合适挡位上，调节电气调零旋钮使表头指针指示为零，然后断开两接线端进行测量。在使用中，每改变一次量程都应重新进行电气调零。

（3）按被测电压的大小选择合适的量程，使仪表指针偏转至满刻度的 $\frac{1}{3}$ 以上区域。如果事先不知被测电压的大致数值，应先将量程开关旋至大量程，然后再逐步减小量程。

（4）根据量程开关的位置，按对应的刻度线读数。凡量程为 1×10^n 时，读数应从上往下数的第一根刻度线来读，凡量程为 3×10^n 的读第二根刻度线。

（5）当仪表输入端连线开路时，由于毫伏表的灵敏度很高，输入端感应的信号可能使指针偏转超量限，而损坏表头。因此不用时应将量程置 3V 以上挡位。测试过程中需要改换测试点时，也应先将量程置 3V 以上挡位，然后移动红夹子，红夹子接好之后再选择合适的量程。使用完毕时，应将量程开关旋至最大量程后，再断开电源。

（6）毫伏表是不平衡式仪表，测试端的两个夹子是不同的，黑夹子必须接被测电路的公共地，红夹子接测试点。连接、拆除电路时注意顺序：测量时应先接黑夹子，后接红夹子；测量完毕后，先拆红夹子，后拆黑夹子。

（7）测电平时，测量值等于指针指示值加上所选量程挡的附加分贝值。

附录 E 信号发生器

信号发生器,简称为信号源,它可产生不同波形、频率和幅度的信号,是为电子测量提供符合一定技术要求的电信号设备。信号发生器是最基本、应用最广泛的电子测量仪器之一。

一、信号发生器的分类

信号发生器种类繁多,从不同角度可将信号发生器进行不同的分类。

1. 按用途分类

根据用途的不同,信号发生器可以分为通用信号发生器和专用信号发生器两类。专用信号发生器是为特定目的而专门设计的,只适用于某种特定的测量对象和测量条件。调频立体声信号发生器和电视信号发生器等都是常见的专用信号发生器。与此相反,通用信号发生器有较大的适用范围,一般是为测量各种基本的或常见的参量而设计的。低频信号发生器、高频信号发生器、脉冲信号发生器、函数信号发生器等都属于通用信号发生器。

2. 按频率范围分类

根据输出信号频率范围的不同,信号发生器可以分成 6 种不同的种类,如表附 E - 1 所列。

表附 E - 1　信号发生器按频率分类

类　型	频率范围
超低频信号发生器	$0.0001\,Hz \sim 1000\,Hz$
低频信号发生器	$1\,Hz \sim 1\,MHz$
视频信号发生器	$20\,Hz \sim 10\,MHz$
高频信号发生器	$100\,kHz \sim 30\,MHz$
甚高频信号发生器	$30\,Hz \sim 300\,MHz$
超高频信号发生器	$300\,MHz$ 以上

3. 按输出信号波形分类

根据所输出信号波形的不同,信号发生器可分为正弦信号发生器、矩形信号发生器、脉冲信号发生器、三角波信号发生器、钟形脉冲信号发生器和噪声信号发生器等。实际应用中,正弦信号发生器应用最广泛。

4. 按调制方式分类

按调制方式的不同,信号发生器可分为调频、调幅和脉冲调制等类型。

二、函数信号发生器的工作原理

函数信号发生器种类繁多,从不同角度可将信号发生器进行不同的分类。信号发生器可以提供电子测量所需要的各种电信号。

函数信号发生器按其构成可分为 3 类。

（1）正弦式。先产生正弦波再得到方波和三角波。

（2）脉冲式。在触发脉冲的作用下,施密特触发器产生方波,然后经变换得到三角波和正弦波。

（3）合成式。利用数字合成技术产生所需的波形。

函数信号发生器的组成框图如图附 E -1 所示。

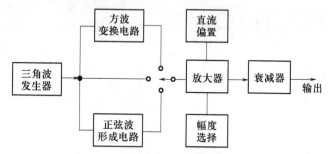

图附 E -1 函数信号发生器的组成框图

图附 E -1 中方波由三角波通过方波变换电路而来,正弦波是三角波通过正弦波形成电路变换而来的,最后经放大电路放大后输出。直流偏置电路提供一个直流补偿调整,使函数信号发生器输出的直流分量可以进行调节。如图附 E -2 所示为具有不同直流分量的方波。

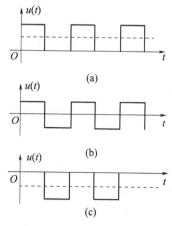

图附 E -2 不同直流分量的方波

(a) 正直流；(b) 无直流；(c) 负直流。

三、信号发生器的使用方法

信号发生器的种类很多,但它们的基本使用方法类似。这里以 EE1641D 型函数信号发生器的使用为例给予说明。

1. 函数信号发生器的面板

要能够正确使用仪器,在使用之前必须充分了解仪器面板上各个开关旋钮的功能及其使用方法。仪器面板上的开关旋钮通常按其功能分区布置,一般包括:波形选择开关、输出频率调节部分、幅度调节旋钮、阻抗变换开关、指示电压表及其量程选择等。

SG1639 函数信号发生器可输出信号频率范围为 10Hz~650000Hz,输出精度"×1/×10 开关"置于 ×1 挡时输出频率精确到 ±0.1Hz,置于 ×10 挡时,输出频率精确到 ±1Hz。一般选择 ×10 挡。可输出频率、幅度可调的正弦信号,输出固定幅度、频率可调的方波和三角波,并且可以计量外部输入信号的频率。其面板如图附 E-3 所示。

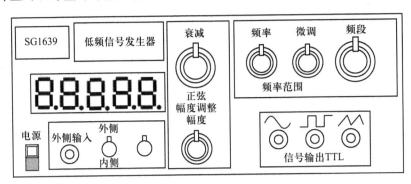

图附 E-3　SG1639 函数信号发生器面板

(1)输出频率调整。频段:分段调整输出频率 5Hz~55kHz。频率:输出频率粗调。微调:输出频率微调。

(2)输出幅度调整(仅对正弦波有效)。衰减:输出电平调整(-30dB~+30dB 分挡调整,一般置于中间的 0dB)。幅度:输出信号幅度调整(0~30V 连续调节,逆时针旋到底为 0V。一般情况下应从 0V 开始,逐渐加大到所需幅度)。

(3)内测/外测开关。置于内测,输出信号;置于外测,测量外部输入信号的频率。

(4)×1/×10 开关。×1 挡频率精确到 ±1Hz;×0.1 挡精确到 ±0.1Hz。

(5)频率显示窗口。显示输出或输入信号的频率,单位 Hz,不用乘"频段"系数。

(6)信号输出插口。3 个 BNC 插座分别输出正弦波、方波和三角波。正弦波电压幅度输出可调,方波和三角波的电压输出幅度固定不可调,输出阻抗较高(驱动能力弱)。

使用时,输出端严禁短路。开关机前,"幅度"旋钮应调到 0V(逆时针旋到底为 0V)。

2. 正确的使用方法

信号发生器的使用步骤如下所述。

(1)准备工作。将输出调节旋钮置于最小起始位置开机预热,待仪器稳定工作后才可以投入使用,选择使用符合要求的电源电压。

(2)频率的选择。调节频率选择开关,将调节频率度盘置于相应的频率点上,选择需要的频率挡位。通常,频率微调旋钮置于零位。

(3)输出阻抗的选择。根据外接负载电路的阻抗值,调节输出阻抗选择开关置于相应挡位,从而获得最佳负载输出。在外接负载为高阻抗时,通常把内部负载开关打到接通的位置上,如果外电路所需电压值较大,则可选用高阻挡位,此时往往将内部负载断开,并在输出接线柱上接一个合适的电阻。

(4)输出电路形式的选择。根据外接负载电路是平衡式输入还是不平衡式输入,用输出短路片变换信号发生器输出接线柱的接法,可获得平衡输出或不平衡输出。

(5)输出电压的调节和测读。调节输出电压旋钮可以连续改变输出电压的大小。为了测读出电压的大小,必须用导线连接电压表输入和信号发生器输出接线柱。在使用衰减器时,实际输出电压为电压表读数除以衰减倍数。当仪器输出为不平衡式时,电压表读数即为实际输出电压值;当仪器输出为平衡式输出时,电压表读数为实际输出电压的一半。

四、信号发生器的使用注意事项

(1) 根据要求选择合适种类及型号的信号源。

(2) 注意所使用信号发生器的电源电压和频率。

(3) 用高频信号发生器还必须注意下面两点:①接收机的测试。测试接收机的性能,如选择性、灵敏度等指标,是高频信号发生器的典型应用。为了使接收机符合工作状态,必须在接收机与仪器间连接一个等效天线,等效天线接在电缆分压器的分压接线柱与接收机的天线接线柱之间。②阻抗匹配。信号发生器只有在阻抗匹配情况下才能正常工作。如果负载阻抗不等于信号发生器的内衰减器的特性阻抗,除引起衰减系数的误差外,还可能影响前级电路的工作,降低信号发生器的功率,在输出电路中出现驻波。因此,在失配的状态下,应在信号发生器的输出端与负载间加一个阻抗变换器。

(4) 使用专用信号发生器必须注意下面 3 点:①连接音频信号的电缆线电容必须小于 100pF。②调整导频信号的相位和电平时,必须反复核对,直至既符合比例又有最佳分离度。③测量中使用的示波器应有足够的频带宽度,并用方波对其相位进行调整。

附录 F 示 波 器

一、示波器的结构及功能

模拟示波器的规格和型号很多,但都包括如图附 F-1 所示的几个基本组成部分:示波管(又称阴极射线管,Cathode Ray Tube,缩写为 CRT)、X 通道电压放大器、Y 通道电压放大器、同步扫描系统和高低压直流电源等。

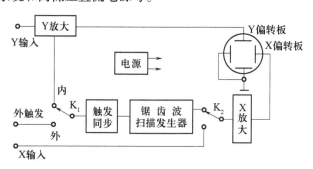

图附 F-1 模拟示波器原理方框图

(1)示波管。发射高能电子束流轰击荧光屏荧光材料发光,显示出亮度适中、小而圆的亮点。

(2)Y 通道。为了使亮点的位移不超出荧光屏在 Y 方向的显示范围,对输入的强(或弱)的被测电压信号进行适当衰减(或放大)后加在示波管 Y 偏转板(或垂直偏转板)上,控制亮点在 Y 方向上的位移。注意:双踪示波器,有两个 Y 通道(CH1、CH2),利用内部电路分时使用 Y 偏转板。双踪示波器不仅能同时观察两种信号的波形,以便对它们进行对比、分析和研究,还能测量两个信号之间的时间差和相位差。

(3)X 通道。为了使亮点的位移不超出荧光屏在 X 方向的显示范围,对输入的强(或弱)的信号进行适当衰减(或放大)后加在示波管 X 偏转板(或水平偏转板)上,控制亮点在 X 方向上的位移。

(4)触发同步及锯齿波扫描发生器。这是示波器的关键部分,它的功能是产生频率连续可调、幅度随时间线性增长的锯齿波,并用 Y 通道输入信号(或外部专用信号)去控制锯齿波电压信号的频率,使其始终为 Y 通道输入信号(或外部专用信号)频率的整倍数,使波形稳定。锯齿电压通过锯齿波发生器获得,其激发方式有两种:一种是"自激",产生连续锯齿波,称为连续扫描,比较适合于正弦波、对称方波、三角波等;一种是通过触发电路"触发",产生单个锯齿波,称为触发扫描或等待扫描,适合于观察前后沿很陡的窄脉冲波形。现代通用示波器都具有触发扫描功能。

(5)电源。为示波器各部分提供能量。

二、示波管的构造

示波管是示波器的核心,其结构如图附 F-2 所示,主要有电子枪、偏转系统和荧光屏。

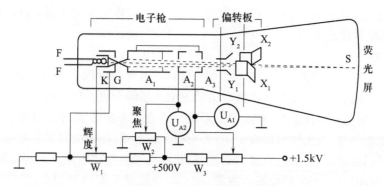

图附 F-2　示波管构造示意图

1. 电子枪

F－F 为加热灯丝,外罩以小圆筒状阴极 K,栅极 G,第一加速阳极 A_1,聚焦(第二)阳极 A_2,第二加速(第三)阳极 A_3 等均为同轴的金属圆筒,而筒内的膜片中心有小孔。上述各电极组成电子枪,Y_1Y_2 和 X_1X_2 为两对金属偏转板(通常做成一端平行,另一端折成喇叭形状)。Y_1Y_2 叫 Y 偏转板(垂直偏转板),X_1X_2 叫 X 偏转板(水平偏转板)。各电极都封装在高真空的玻璃壳内,用导线引到管脚上。管右端玻璃屏内表面涂有荧光物质膜层,称为荧光屏。

当有加热电流通过灯丝 F 时,阴极温度升高,电子获得足够的动能而逸出金属表面(发射电子)。加速阳极 A_1 具有很高的电压(通常在 1kV 以上),在 K、G、A_1 间形成强电场,从阴极发射出来的电子在电场中被加速,穿过 G、A_1 的小孔和 A_2、A_3 内限制膜片孔,形成高速(约 107m/s)电子流。经过 A_1、A_2、A_3 之间的电场聚焦,形成一束很细的电子射线穿过它们的限制孔,再通过垂直和水平偏转板射到荧光屏 S 上,激发荧光物质发出可见光。适当选取 A_1、A_2、A_3 之间的电压,就可使电子流成为电子束,且聚焦于荧光屏上。改变 A_1、A_2、A_3 之间的电压过程就称为聚焦调节和辅助聚焦调节。

在栅极 G 上加上一个较阴极 K 为负的电势,调节 W_1 改变栅极电势的大小,就可以控制通过栅极的电子数目,即控制荧光屏上光点的亮度(即辉度),当负栅压达到一定数值时,电子不能通过栅极而使光点消失。若在偏转板上加上各种不同的电压,电子束通过时,受到电场力的作用,在荧光屏上展现成不同的图像或波形。

2. 偏转系统

示波器的工作频率范围很宽,而偏转幅度要求不大,故采用电偏转电聚焦技术。电视机、显示器则要求偏转幅度越大越好,但频率相对固定,采用效率较高的磁偏转磁聚焦技术。

偏转系统它由两对相互垂直的偏转板组成,一对为垂直偏转板,另一对为水平偏转板。若两对偏转板上的电压均为零,电子束应打在荧光屏的中心,屏上会出现一个亮点。如在两对偏转板上加以电压,电子束通过电场时,其运动方向会发生偏转。适当改变其大小,就可使电子束打在荧光屏上的亮点出现在荧光屏的任何位置。

3. 荧光屏

荧光屏上涂有荧光粉,高能电子打上去就会发光,形成亮点。荧光屏前有一块透明的、带刻度的坐标板,供测定亮点位置用。为了消除视差,在性能较好的示波管中,将刻度线直接刻在荧光屏玻璃内表面上与荧光粉紧贴在一起,这样光点位置测量得更准。

三、波形显示原理

1. 波形显示

为了更好地理解示波器的波形显示原理,可将示波器与沙漏摆进行类比。沙漏摆是竖直向下的沙子的下漏、沙摆振动和纸带运动三维运动的合成。当只有沙子下漏时,在纸带上形成一点,加上沙摆振动后,在纸带上形成一条垂直于纸带运动方向的沙线,这形成的是沙摆的振动图像,而无法形成波形图;要想得到波形图,必须由右至左匀速拖动纸带,使振动由近及远传播出去,从而形成波形图,纸带相当于使振动传播开来的媒质。

如果要用有限长的纸带持续显示波形,就必须使纸带重新回到起点,进行重复拖动。要想使纸带上的波形不错位,必须满足前后两次拖动的起点、拖动速率、起点的振动相位均严格一致。满足上述 3 个条件,波形才能稳定,这叫波形的稳定(或波形的同步)。

示波器也是三维运动合成的结果。示波管电子枪发射的电子束流,经相关电路的聚焦、加速后获得很高能量,轰击示波管荧光屏荧光材料而发光,形成一个亮点,这相当于沙漏运动。Y 偏转极加上被测电压信号后,亮点在 Y 方向发生位移,这相当于沙摆运动。可以证明,亮点位移的变化规律与输入被测电压信号的变化规律是一致的。当被测的频率足够高时,亮点在 Y 方向快速反复移动,由于人眼的视觉暂留和荧光屏荧光材料的余辉,从而形成 Y 方向的一条直线。若将示波器内部幅度随时间线性增长的扫描电压信号加在 X 偏转板上,则光点将匀速地沿 X 方向从左至右运动(这个过程称为"扫描"),从而将 Y 方向的运动展开为波形,这相当于纸带的由右至左匀速拖动。当亮点偏转到示波管的右边缘时,显然要周期性地回复到左边缘(这个过程称为"回扫"),这相当于纸带的回拖至起点位置。当锯齿波的频率足够高且 Y 偏转板上无信号时,在荧光屏上将出现一条水平的亮线,这相当于沙摆不振动时拖动纸带,形成水平方向一条沙线。

以正弦信号为例,将之加到示波管的 Y 偏转板上;在 X 偏转板上加上扫描电压。每个时刻亮点的位移都可分解为 X、Y 两个位移分量。加在 Y 偏转板上被测电压产生的电场可使亮点沿 Y 方向作简谐运动;加在 X 偏转板的锯齿信号产生的电场将使亮点沿 X 方向作匀速直线运动,两个运动合成的轨迹即是一个完整的正弦波形,此轨迹即为被测电压随时间变化的图像。

当亮点偏转到示波管的右边缘时,需要回扫,这就要求亮点 X 方向的运动是周期性地从左至右的匀速直线运动。因此,扫描发生器产生的是周期性的线性增长电压,即周期性的锯齿波电压 V_x,如图附 F-3 中的 V_x-t 关系图所示。将这种电压信号加在 X 偏转板上,可使光点匀速地沿 X 方向从左至右作周期性的运动,完成扫描。当锯齿波的频率为被测信号频率的整数倍时,荧光屏上可显示几个完整、稳定的波形;当锯齿波的频率足够高且 Y 偏转板上无信号时,在荧光屏上将出现一条水平的亮线——时间基线(或水平扫描线),因此 X 轴可认为是时间轴。

2. 波形稳定

由图附 F-3 可以看出,要观察到信号的一个完整波形,必须满足锯齿波周期大于或等于输入信号周期的条件;而要得到稳定的波形,必须要求锯齿波周期每个相同位相点与输入信号的相同位相点之对应关系不随时间变化。因此,显示完整、稳定波形的充要条件是:$T_t = nT_s$,式中,T_t 是锯齿波电压信号的周期;T_s 是信号电压的周期;n 是显示波形的个

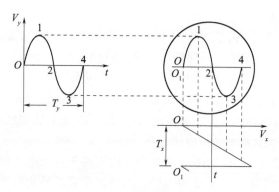

图附 F−3 波形的显示过程

数。即当锯齿波信号的周期是被观察信号的周期的整数倍时,锯齿波在被测信号每隔 n 若干周的同一点上开始扫描,两者保持一定的相位关系,使每次荧光屏上显示的图像重合,才能看到稳定的被测信号波形。如果被测信号与锯齿波电压周期稍有不满足整数倍关系时,波形就会向左或向右移动,形成网状图形或行波。

在观察高频信号时,尽管可以通过调节扫描时间旋钮将周期调到整倍数关系,但由于被测信号与锯齿波电压信号是相互独立的,在受到环境等各种因素的影响时周期总会发生微小变化,短暂满足整倍数关系的条件后就会发生变化,从而使波形不稳定。为了有效地防止这一情况的发生,在示波器内装有扫描同步装置。它用被测电压或与此有关的电压(包括外部信号),去强迫控制锯齿波电压的周期,使之自动地与被测信号周期保持整倍数关系,使波形处于稳定状态。这就是"同步"(或整步)。触发"电平"旋钮就是调整被测信号和扫描锯齿波严格保持相位同步,使波形精确稳定,便于观测。

3. 电压、周期(或频率)测量

波形显示稳定后,可以根据需要测量、绘制信号的电压幅度特征,如峰—峰值、周期(或频率)、波形的宽度及上升时间(或下降时间)等参数。经常测量的有峰—峰值(即电压大小)和周期,这种测量精度有限。

一般情况下,被测电压信号的电压同时包含直流分量和交流分量。所以,用示波器测电压应包括直流电压、交流电压和瞬时电压的测定。三者的测量原理相同,只是测量方法略有不同。用示波器测电压的方法很多,这里只介绍"数格法"。

示波器测量电压的原理是基于被测电压使电子束产生与之成比例的偏转。因此,从荧光屏上数出亮点的 Y 方向偏移格数 S(与水平基线的距离),再与 Y 通道放大器的增益系数(或放大器放大倍率、垂直偏转因数)D_y(V/格)相乘,就得到被测电压值(如果使用了衰减探头,还要乘以衰减倍数),即 $V_{直} = SD_y$。

如果被测电压是交变电压,比如正弦波,由于亮点 Y 方向偏移格数正比于电压峰—峰值,其有效值应为 $V = SD_y/2\sqrt{2}$,其中 S 是波峰与波谷两者之间的 Y 方向偏移格数。

示波器测量周期的原理是基于被测电压信号的周期与扫描信号的周期满足简单的整数倍关系。因此,数出被测电压信号一个完整波形在 X 方向所占的格数,再与扫描时间因子(水平偏转因数)D_x(s/格)相乘,得到被测电压信号的周期,即周期 $T = S D_x$。实际测量中,为了提高测量精度,一般测量 n 个完整波形在 X 方向的距离 S,则周期 $T = SD_x/n$(注意 n 要易于整除)。

四、X－Y 工作方式

示波器除了观测波形外,还可以工作于 X－Y 方式,此时示波器不提供内部锯齿波扫描信号,从 CH1 、CH2 通道输入两路信号,CH1 通道的信号加到 X 偏转板上,CH2 通道的信号加到 Y 偏转板上,屏幕上显示出两路信号的合成图像。此方式常用于观测被测信号的峰—峰值、观察两个信号的相关性(如磁性材料的磁滞回线等)和合成李萨如图形。利用李萨如图形可以很精确地测量正弦波的频率,还可以用来比较两相同频率的正弦信号的相位差,如超声声速测量中的相位比较法。

如在示波器的 CH1 、CH2 通道输入端分别输入两个正弦电压信号,则在荧光屏上出现由两个互相垂直的简谐运动合成的图形。调节标准源的输出频率,当两个电压信号的频率之比为整数比时,形成稳定封闭的图形,称为李萨如图形。频率比为简单整数比的李萨如图形如图附 F－4 所示。

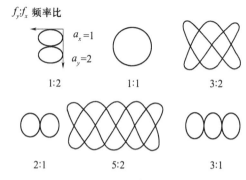

图附 F－4 李萨如图形

如果作李萨如图形的水平切线和垂直切线,其切点数分别为 N_X 和 N_Y,则有

$$f_X = N_Y f_Y / N_X$$

式中:f_X 和 f_Y 分别是 CH1 、CH2 通道入的信号的频率。在李萨如图形上数出切点个数 N_X 和 N_Y,若 f_Y 为已知,由上式即可算出 f_X;反之亦然。这就是用李萨如图形法测量频率的方法。引入标准源的精度越高,则测量精度就越高。

五、YJ4318 型示波器介绍

如图附 F－5 所示为 XJ4318 型示波器各旋钮的用途及使用方法。

1—内刻度坐标线。它消除了光迹和刻度线之间的观察误差,测量上升时间的信号幅度和测量点位置在左边指出。

2—电源指示器。它是一个发光二极管,在仪器电源通过时发红光。

3—电源开关。它用于接通和关断仪器的电源,按入为接通,弹出为关断。

4—AC、⊥、DC 开关。可使输入端成为交流耦合、接地、直流耦合。

5—偏转因数开关。改变输入偏转因数 5mV/格 ~5V/格,按 1—2—5 进制共分 10 个挡位。

6—PULL×5。改变 Y 轴放大器的发射极电阻,使偏转灵敏度提高 5 倍。

7—输入。作垂直被测信号的输入端。

8—微调。调节显示波形的幅度,顺时针方向增大,顺时针方向旋足并接通开关为"标准"位置。

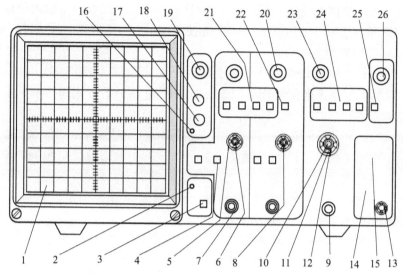

图附 F-5 示波器面板

9—仪器测量接地装置。

10—PULL×10。改变水平放大器的反馈电阻使水平放大器放大量提高 10 倍,相应地也使扫描速度及水平偏转灵敏度提高 10 倍。

11—t/DIV 开关。为扫描时间因数挡位开关,从 0.2μs ~ 0.2s/格按 1—2—5 进制,共 19 挡,当开关顺时针旋足是 X – Y 或 Y – X 状态。

12—微调。用以连续改变扫描速度的细调装置。顺时针方向旋足并接通开关为"校准"位置。

13—外触发输入。供扫描外触发输入信号的输入端用。

14—触发源开关。选择扫描触发信号的来源,内为内触发,触发信号来自 Y 放大器;外为外触发,信号来自外触发输入;电源为电源触发,信号来自电源波形,当垂直输入信号和电源频率成倍数关系时这种触发源是有用的。

15—内触发选择开关。是选择扫描内触发信号源。CH1 为加到 CH1 输入连接器的信号是触发信号源。CH2 为加到 CH2 输入连接器的信号是触发信号源。VERT 为垂直方式内触发源取自垂直方式开关所选择的信号。

16—CAL0.5。为探极校准信号输出,输出 0.5V(峰值)幅度方波,频率为 1kHz。

17—聚焦。调节聚焦可使光点圆而小,达到波形清晰。

18—标尺亮度。控制坐标片标尺的亮度,顺时针方向旋转为增亮。

19—亮度。控制荧光屏上光迹的明暗程度,顺时针方向旋转为增亮,光点停留在荧光屏上不动时,宜将亮度减弱或熄灭,以延长示波器使用寿命。

20—位移。控制显示迹线在荧光屏上 Y 轴方向的位置,顺时针方向迹线向上,逆时针方向迹线向下。

21—垂直方式开关。5 位按钮开关,用来选择垂直放大系统的工作方式。CH1 为显示通道 CH1 输入信号。ALT 为交替显示 CH1、CH2 输入信号,交替过程出现于扫描结束后回扫的一段时间里,该方式在扫描速度从 0.2μs/格 ~ 0.5ms/格范围内同时观察两个输入信号。CHOP 为在扫描过程中,显示过程在 CH1 和 CH2 之间转换,转换频率约

169

500kHz。该方式在扫描速度从 1ms/格 ~ 0.2s/格范围内同时观察两个输入信号。CH2 为显示通道 CH2 输入信号。ALL OUT ADD 为使 CH1 信号与 CH2 信号相加（CH2 极性"＋"）或相减（CH2 极性"－"）。

22—CH2 极性。控制 CH2 在荧光屏上显示波形的极性"＋"或"－"。

23—X 位移。控制光迹在荧光屏 X 方向的位置,在 X－Y 方式用作水平位移。顺时针方向光迹向右,逆时针方向光迹向左。

24—触发方式开关。5 位按钮开关,用于选择扫描工作方式。AUTO 为扫描电路处于自激状态。NORM 为扫描电路处于触发状态。TV—V 为电路处于电视场同步。TV—H 为电路处于电视行同步。

25—＋、－极性开关。供选择扫描触发极性,测量正脉冲前沿及负脉冲后沿宜用"＋",测量负脉冲前沿及正脉冲后沿宜用"－"。

26—电平锁定。调节和确定扫描触发点在触发信号上的位置,电平电位器顺时针方向旋足并接通开关为锁定位置,此时触发点将自动处于被测波形中心电平附近。

附录 G　有源二阶滤波电路

有源二阶滤波电路的形式与特点

常用的有源二阶滤波电路有压控电压源二阶滤波电路和无限增益多路负反馈二阶滤波电路。

压控电压源二阶滤波电路的特点是:运算放大器为同相接法,滤波器的输入阻抗很高,输出阻抗很低,滤波器相当于一个电压源。其优点是:电路性能稳定,增益容易调节。

无限增益多路负反馈二阶滤波电路的特点是:

运算放大器为反相接法,由于放大器的开环增益无限大,反相输入端可视为虚地,输出端通过电容和电阻形成两条反馈支路。其优点是:输出电压与输入电压的相位相反,元件较少,但增益调节不方便。

一、有源二阶低通滤波电路

1. 压控电压源二阶低通滤波电路

电路如图附 G－1 所示。其传输函数为:

$$A_u(s) = \cfrac{A_{uo}\cfrac{1}{C_1C_2R_1R_2}}{s^2 + \left(\cfrac{1}{R_1C_1} + \cfrac{1}{R_2C_1} + (1 - A_{uo})\cfrac{1}{R_2C_2}\right)s + \cfrac{1}{C_1C_2R_1R_2}} = \cfrac{A_{uo}\omega_c^2}{s^2 + \cfrac{\omega_c}{Q}s + \omega_c^2}$$

其归一化的传输函数:

$$A_u(s_L) = \cfrac{A_{uo}}{s_L^2 + \cfrac{1}{Q}s_L + 1}$$

其中: $s_L = \dfrac{s}{\omega_c}$, Q 为品质因数。

通带内的电压放大倍数:

$$A_{uo} = 1 + \frac{R_4}{R_3}$$

滤波器的截止角频率:

$$\omega_c = \frac{1}{\sqrt{R_1R_2C_1C_2}} = 2\pi f_c$$

$$\frac{\omega_c}{Q} = \frac{1}{R_1C_1} + \frac{1}{R_2C_1} + (1 - A_{uo})\frac{1}{R_2C_2}$$

为了减少输入偏置电流及其漂移对电路的影响,应使:

$$R_1 + R_2 = R_3 // R_4$$

将上述方程与 $A_{uo} = 1 + \dfrac{R_4}{R_3}$ 联立求解,可得:

$$R_4 = A_f(R_1 + R_2)$$

$$R_3 = \frac{R_4}{A_f - 1}$$

2. 无限增益多路负反馈二阶低通滤波电路

电路如图附 G-2 所示,其传输函数为:

$$A_u(s) = \frac{-\dfrac{1}{C_1 C_2 R_1 R_2}}{s^2 + \dfrac{1}{C_1}\left(\dfrac{1}{R_1} + \dfrac{1}{R_2} + \dfrac{1}{R_3}\right)s + \dfrac{1}{C_1 C_2 R_2 R_3}} = \frac{A_{uo}\omega_c^2}{s^2 + \dfrac{\omega_c}{Q}s + \omega_c^2}$$

其归一化的传输函数:

$$A_u(s_L) = \frac{A_{uo}}{s_L^2 + \dfrac{1}{Q}s_L + 1}$$

式中:$s_L = \dfrac{s}{\omega_c}$,$Q$ 为品质因数。

通带内的电压放大倍数:

$$A_{uo} = -\frac{R_3}{R_1}$$

滤波器的截止角频率:

$$\omega_c = \frac{1}{\sqrt{R_2 R_3 C_1 C_2}} = 2\pi f_c$$

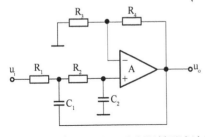

图附 G-1 压控电压源二阶有源低通滤波器　　　图附 G-2　无限增益多路负反馈
　　　　　　　　　　　　　　　　　　　　　　　　　　　　　二阶低通滤波电路

二、有源二阶高通滤波器

1. 压控电压源二阶高通滤波器

电路如图附 G-3 所示,其传输函数为:

$$A_u(s) = \frac{A_{uo}s^2}{s^2 + \left(\dfrac{1}{R_2 C_1} + \dfrac{1}{R_2 C_2} + (1 - A_{uo})\dfrac{1}{R_1 C_1}\right)s + \dfrac{1}{C_1 C_2 R_1 R_2}} = \frac{A_{uo}s^2}{s^2 + \dfrac{\omega_c}{Q}s + \omega_c^2}$$

归一化的传输函数:

$$A_u(s_L) = \frac{A_{uo}}{s_L^2 + \dfrac{1}{Q}s_L + 1}$$

式中:$s_L = \dfrac{\omega_c}{s}$,$Q$ 为品质因数。

172

通带增益：

$$A_{uo} = 1 + \frac{R_4}{R_3}$$

截止角频率：

$$\omega_c = \frac{1}{\sqrt{R_1 R_2 C_1 C_2}} = 2\pi f_c$$

$$\frac{\omega_c}{Q} = \frac{1}{R_2 C_1} + \frac{1}{R_2 C_2} + (1 - A_{uo}) \frac{1}{R_1 C_1}$$

2. 无限增益多路负反馈二阶高通滤波器

电路如图附 G-4 所示，该电路的传输函数为：

$$A_u(s) = \frac{-\frac{C_1}{C_2} s^2}{s^2 + \frac{1}{R_2}\left(\frac{C_1}{C_2 C_3} + \frac{1}{C_3} + \frac{1}{C_2}\right) + \frac{1}{C_2 C_3 R_1 R_2}} = \frac{A_{uo} s^2}{s^2 + \frac{\omega_c}{Q} s + \omega_c^2}$$

归一化的传输函数：

$$A_u(s_L) = \frac{A_{uo}}{s_L^2 + \frac{1}{Q} s_L + 1}$$

式中：$s_L = \frac{\omega_c}{s}$。

通带增益：

$$A_{uo} = -\frac{C_1}{C_3}$$

截止角频率：

$$\omega_c = \frac{1}{\sqrt{R_1 R_2 C_3 C_2}} = 2\pi f_c$$

$$\frac{\omega_c}{Q} = \frac{1}{R_2}\left(\frac{C_1}{C_2 C_3} + \frac{1}{C_2} + \frac{1}{C_3}\right)$$

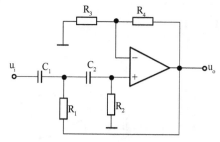

图附 G-3 压控电压源二阶高通滤波器

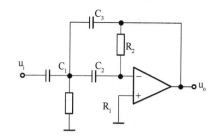

图附 G-4 无限增益多路负反馈二阶高通滤波器

三、有源二阶带通滤波器

1. 压控电压源二阶带通滤波器

电路如图附 G-5 所示，电路的传输函数为：

$$A_u(s) = \cfrac{\cfrac{A_f}{R_1 C}s}{s^2 + \cfrac{1}{C}\left(\cfrac{2}{R_3} + \cfrac{1}{R_1} + \cfrac{1}{R_2}(1-A_f)\right)s + \cfrac{1}{R_3 C^2}\left(\cfrac{1}{R_1} + \cfrac{1}{R_2}\right)} = \cfrac{A_{uo}\cfrac{\omega_0}{Q}s}{s^2 + \cfrac{\omega_0}{Q}s + \omega_0^2}$$

上式中：$\omega_0 = \sqrt{\omega_1 \cdot \omega_2}$ 是带通滤波器的中心角频率。ω_1、ω_2 分别为带通滤波器的高、低截止角频率。

中心角频率：

$$\omega_0 = \sqrt{\cfrac{1}{R_3 C^2}\left(\cfrac{1}{R_1} + \cfrac{1}{R_2}\right)} \quad 、\quad \cfrac{\omega_0}{Q} = \cfrac{1}{C}\left(\cfrac{2}{R_3} + \cfrac{1}{R_1} + \cfrac{1}{R_2}(1-A_f)\right)$$

中心角频率 ω_0 处的电压放大倍数：

$$A_{uo} = \cfrac{A_f}{R_1\left[\cfrac{1}{R_1} + \cfrac{1}{R_2}(1-A_f) + \cfrac{1}{R_3}\right]}$$

上式中：
$$A_f = 1 + \cfrac{R_5}{R_4}$$

通带带宽：
$$BW = \omega_2 - \omega_1 \text{ 或 } \Delta f = f_2 - f_1$$

$$BW = \cfrac{\omega_0}{Q} = \cfrac{1}{C}\left(\cfrac{2}{R_3} + \cfrac{1}{R_1} + \cfrac{1}{R_2}(1-A_f)\right)$$

$$Q = \cfrac{\omega_0}{BW} = \cfrac{f_0}{\Delta f} \qquad (BW \ll \omega_0 \text{ 时})$$

2. 无限增益多路负反馈二阶带通滤波器

电路如图附 G-6 所示，电路的传输函数：

$$A_u(s) = \cfrac{-\cfrac{1}{R_1 C}s}{s^2 + \cfrac{2}{R_3 C}s + \cfrac{1}{C^2 R_3}\left(\cfrac{1}{R_1} + \cfrac{1}{R_2}\right)} = \cfrac{A_{uo}\cfrac{\omega_0}{Q}s}{s^2 + \cfrac{\omega_0}{Q}s + \omega_0^2}$$

式中：$\omega_0 = \sqrt{\omega_1 \cdot \omega_2}$ 为带通滤波器的中心角频率。ω_1、ω_2 分别为带通滤波器的高、低截止角频率。

中心角频率：

$$\omega_0 = \sqrt{\cfrac{1}{R_3 C^2}\left(\cfrac{1}{R_1} + \cfrac{1}{R_2}\right)}$$

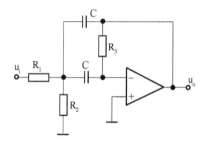

图附 G-5　压控电压源二阶带通滤波器　　　图附 G-6　无限增益多路负反馈
有源二阶带通滤波器

通带中心角频率 ω_0 处的电压放大倍数：

$$A_{uo} = -\frac{R_3}{2R_1}$$

$$\frac{\omega_0}{Q} = \frac{2}{CR_3}$$

品质因数：

$$Q = \frac{\omega_0}{BW} = \frac{f_0}{\Delta f} \ (BW \ll \omega_0 \ \text{时})$$

四、有源二阶带阻滤波器的设计

1. 压控电压源二阶带阻滤波器

电路如图附 G–7 所示。电路的传输函数：

$$A_u(s) = \frac{A_f\left(s^2 + \dfrac{1}{C^2 R_1 R_2}\right)}{s^2 + \dfrac{2}{R_2 C}s + \dfrac{1}{R_1 R_2 C^2}} = \frac{A_{uo}(\omega_0^2 + s^2)}{s^2 + \dfrac{\omega_0}{Q}s + \omega_0^2}$$

其中,通带电压放大倍数：

$$A_f = A_{uo} = 1$$

$$\frac{1}{R_3} = \frac{1}{R_1} + \frac{1}{R_2}$$

阻带中心处的角频率：

$$\omega_0 = \sqrt{\frac{1}{R_1 R_2 C^2}} = 2\pi f_0$$

$$BW = \frac{\omega_0}{Q} = \frac{2}{R_2 C}$$

品质因数：

$$Q = \frac{1}{2}\sqrt{\frac{R_2}{R_1}}$$

2. 无限增益多路负反馈二阶带阻滤波器

该电路由二阶带通滤波器和一个加法器组成,如图附 G–8 所示。电路的传输函数为：

$$A_u(s) = \frac{-\dfrac{R_6}{R_4}\left[s^2 + \dfrac{1}{C^2 R_3}\left(\dfrac{1}{R_1} + \dfrac{1}{R_2}\right)\right]}{s^2 + \dfrac{2}{R_3 C}s + \dfrac{1}{R_3 C^2}\left(\dfrac{1}{R_1} + \dfrac{1}{R_2}\right)} = \frac{A_{uo}(\omega_0^2 + s^2)}{s^2 + \dfrac{\omega_0}{Q}s + \omega_0^2}$$

其中：$R_3 R_4 = 2R_1 R_5$。

通带电压放大倍数：

$$A_{uo} = -\frac{R_6}{R_4} = -\frac{R_3 R_6}{2R_1 R_5}$$

阻带中心角频率:

$$\omega_0 = \sqrt{\frac{1}{R_3 C^2}\left(\frac{1}{R_1} + \frac{1}{R_2}\right)}$$

阻带带宽:

$$BW = \frac{\omega_0}{Q} = \frac{2}{R_3 C}$$

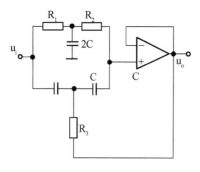

图附 G-7　压控电压源二阶
　　　带阻滤波器

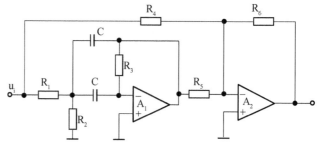

图附 G-8　无限增益多路负反馈二阶带阻滤波器

参 考 文 献

［1］ 孙小燕.电路与电气技术实验.北京:中国农业大学,2002.

［2］ 陈同占,吴北玲,张梅.电路基础实验.北京:清华大学出版社,2003.

［3］ 杨风.大学基础电路实验.北京:国防工业出版社,2006.

［4］ 刘耀年,蔡国伟.电路实验与仿真.北京:中国电力出版社,2003.

［5］ 赵世强.电子电路 EDA 技术.西安:西安电子科技大学出版社,2000.

［6］ 郭勇.EDA 技术基础.北京:机械工业出版社,2005.

［7］ 杨晓慧,许红梅,等.电子 EDA 技术实践教程.北京:国防工业出版社,2005.

［8］ 高泽涵.电子电路故障诊断技术.西安:西安电子科技大学出版社,2000.

［9］ 杨士元.模拟系统的故障诊断与可靠性设计.北京:清华大学出版社,2001